SHODENSHA
SHINSHO

数式なしでわかる物理学入門

桜井 邦朋

JN276099

祥伝社新書

まえがき

ニュートンによる力学や、ガリレオの天文学、アインシュタインの相対性理論、物質の究極構造である素粒子物理学、そして宇宙の創生についての研究まで、私たち人類の生みだした「物理学」という学問は、今日の科学技術、文明を作りあげてきた。

昨今、この物理学をはじめとして、理科系の分野を学ぼうとする若者が減っているという。その大きな理由は、学校教育にあると私は考えている。

高校の「物理」の教科書を見るとわかるが、そこでは物理現象の成り立ちについて当たり前のように簡単に数式を用いて説明しており、その現象が成り立っている真の意味が解説されていない。そのため、多くの人が、数学がわからなくては物理学の理解も不可能なのだという偏見を強く抱いているのではないだろうか。

しかし、物理現象の本質を理解するためには、観察に基づいてその因果関係を論理的に説明すればよいのであり、それは〝数式なし〟でも可能である。この本の中で私は、こうした偏見が誤ったものであることを明らかにしていくつもりである。

この大事な点を忘れてしまうと、「数式で表わせば」理解した気になってしまい、物理現象の理解はいい加減なものになってしまう。これは、研究者でも同じである。

私は、人間とは不思議な生き物だといつも感じている。自分たちの周囲で起こる自然現象について、なぜこうした現象が起こるのかと疑問を感じ、その現象をどのような原因が引き起こすのかを追究し、納得することができて初めて「ああ、わかった」と心から安心するからである。

アルキメデスは、純金で作られたといわれた王冠が本当に純金からできているのか、あるいはまがい物なのかについて、その判定を依頼され、いろいろと考えあぐねていたのだが、自分が浴槽に浸かったときに溢《あふ》れ出たお湯を見て、その量を測ることにより、王冠がまがい物かどうかを明らかにできることに気づいた。そのとき彼は、素っ裸で浴槽を飛び出し、走りながら「Eureka（エウレカ／わかった）」と叫んだという。

どんなものでも、ある現象について、自分なりに納得できる理由が見つかり、それが仲間たちに認められて受けいれられたときは、私たちは嬉《うれ》しくてこのように叫びたくなるのではないだろうか。こうした感情は誰の心にも宿されており、そのような意味では、誰もが物理学者、もっといえば科学者だといえる立場に立っているのである。

人間の心の動きの中には、このように、観察される物理現象がある種の規則性や法則性を持っていることを解き明かしてしまう能力があり、その上でその根本的な理由を求め、本質を理解しようと試《こころ》みるという本性があるに違いない。

ある現象の本質が理解されると、その結果として、さらに解決されるべき新たな多くの疑問が生まれてくる。それらを1つずつ解決していくことで、さらに物理学は発展していく。だからこそ、人類は長い歴史を通じて、物理学と呼ばれる学問の殿堂を築きあげ、その成果をもとに、私たちが現在経験しているような文明世界を作りあげてきたのだ。

では、物理現象の理解とは、どのようなことを指すのであろうか。それは、ある物理現象を観察したとき、その背後にある、それを生じるある種の因果的な関係を暴《あば》きだし、そしてその関係を論理的な整合性を持って説明できるということである。

それは数式を使わなくても可能であるというのが私の意見である。こうした著者の考えが妥当《だとう》なのかどうかについては、読者の判断を仰《あお》がねばならないが、著者として最大限の努力を払ってこの本を書いた。このような数式を用いないで語るという物理学の入門書を作れないかと誘ってくれた本新書の編集部に感謝する次第である。

2011年6月

桜井邦朋《さくらいくにとも》

目次

第3章　物理現象をどこから見るか
——視点の取り方で同じ現象が違うものになる

第4章 さまざまな姿を持つ「エネルギー」とは

第5章 物理学を見る手段
――光と眼のメカニズム

第6章　電気と磁気の正体とは

第7章　物質は究極的には何からできているか

――素粒子物理学の世界

第8章　物理学の本質を理解するとはどういうことか

――残された課題

第1章

物理学とは何か

——自然現象に合理性と法則性を見出す

科学的思考の誕生

高校の理科の教科には「物理」（学はつかない）という科目があり、読者の中にも習った人がいるだろう。半世紀以上前である私の高校時代にもあり、私も履修《りしゅう》した。だが、担当の教員が病気となったため、不勉強のまま高校を卒業し、大学受験では「物理」ではなく、「生物」と「化学」の2科目を選択した。

当時の私は、大学では生物学、特に植物学を専攻したいと考えていた。それなのに、物理学の一分野である「宇宙物理学」に関わった領域の研究者となってしまった。こうなるまでには、いろいろときっかけとなる原因があったのだが、人の一生の仕事など全然先が見通せないというのが多くの人の感慨であろう。

この「物理学（Physics）」と呼ばれる学問は、当たり前のことだが、人類史の当初からあったわけではない。人類が文明と呼ばれる生活様式を作りあげ、生活上の必要から自分たちの周囲に生起するいろいろな自然現象に目を向けるようになり、さらにその原因を考えるだけの余裕と知識が蓄積されるようになって初めて、「科学（Science）」と呼ばれる学問が誕生した。物理学もその一分野である。

このように、科学的な思考様式が生みだされるには、自然現象の成り立ちには何らかの原因があり、そこから因果的に、論理性をもってつながる一連のできごとを通じてその現象が起こるのだということが理解されることが必要であった。

こうした動きは、12世紀中頃から西ヨーロッパの国々、特にイタリアで見られるようになり、17世紀になると、ガリレオ（Galileo Galilei／１５６４～１６４２）やニュートン（I. Newton／１６４３～１７２７）、その他の多くの天才たちがその才能を発揮した。ガリレオやニュートン他の天才たちが活躍したこの17世紀は「第一の科学革命の時代」と呼び慣わされている。

彼らによって、いろいろな物理現象には固有の研究の方法や理論があることが多くの研究者に理解されることになり、それらが体系化されることになった。19世紀になって初めてそうした自然科学から、その一部を特に物理学と呼ぶことが提案され、用いられるようになったのである。

この科学という学問の最大の特徴は、理詰めに順序だてて考える論理的な思考の進め方にある。具体的には、自然現象を観察し、多くの場合について共通の原因と、その現象の経過を見出すことで、自然現象の因果関係を結論づけるという思考の進め方をするのである。一方で、後に述べるように、これとは逆に、十分明らかなこと（前提）を出発点として結論に至るという思考の進め方もあることを、ここで付け加えておきたい。

では、物理学と呼ばれる学問体系はどのようなもので、いかなる経緯を経て作りあげられてきたのであろうか。その歩みをたずねることにより、物理学を身近に感じてもらえるようになるのではないだろうか。

物理学はどのようにして生まれたか

日常生活において私たちが経験するいろいろな自然現象には、身のまわりで起こることから地球規模のスケールで起こる気象現象や、太陽や惑星、星々の運行に関わる現象まで、数多くある。

これらの中で、私たち人間が一切関与しないで起こる現象、また、生命という存在に関わりのない現象の中で、物質そのものの変化（化学的な変化のこと）にも関係しないものを、私たちは物理現象と呼ぶ。物質そのものの変化は、例えば、酸素という元素が炭素と

図1　投げ上げたボールの動き

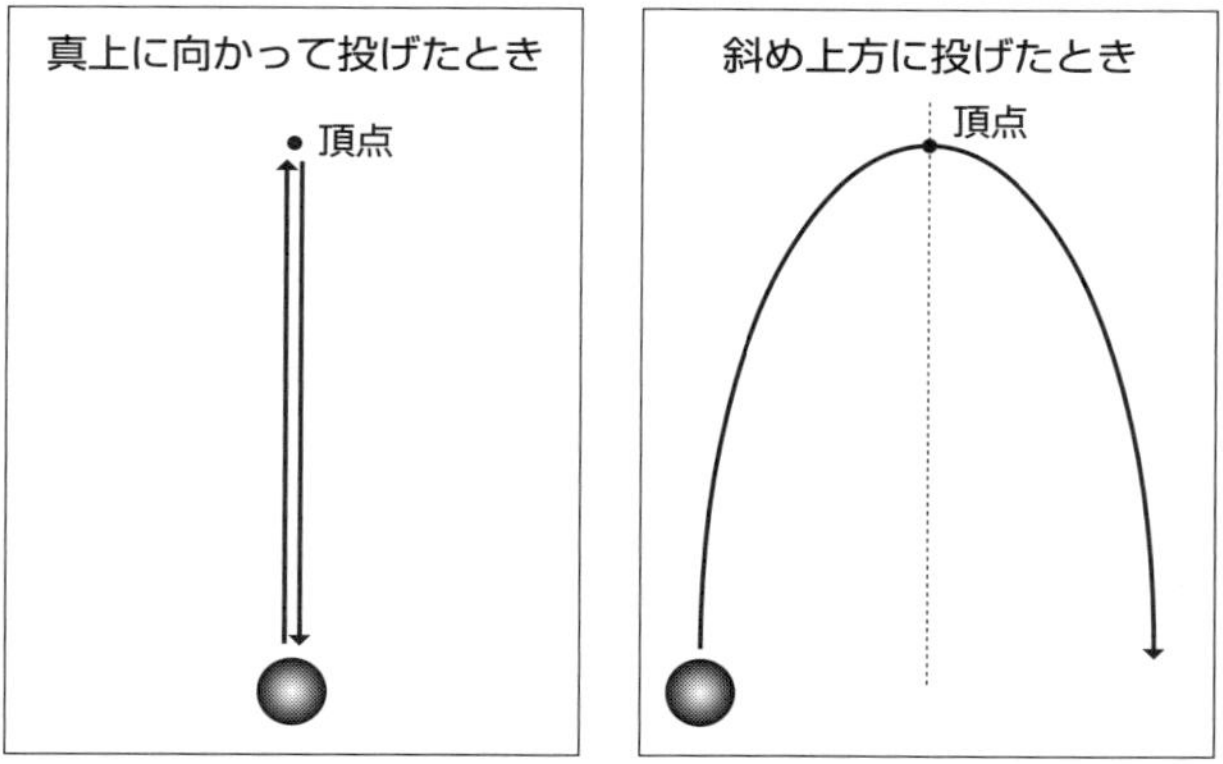

最高点に達すると逆向きに落ちはじめる。

放物線と呼ばれる曲線を描く。曲線は頂点に対し対称となる。

いう元素と出会うと二酸化炭素を作りだすが、こうした現象は化学現象と呼ばれている。

物理現象の多くには、ある種の規則性が、その発生や変化に認められ、そこから何らかの法則性を導けるものがたくさんあることがわかる。

身近なもので、例えば野球に使われるボールを真上の方向へと投げた場合をとりあげてみよう（図1）。誰もが経験からすぐ確かめられるように、ボールはまっすぐ頭上に上がっていくが、やがてこの運動は止まり、いったん静止したあと、逆方向へと落下運動が始まる。

斜め上方に向かって投げた場合には、文字どおり放物線を（大よそだが）描いて飛んでいき、ある高さにまで達するとそこで上方への運動はなくなり、その後はやはり放物線を描きながら落下運動を始める。このとき、ボールが到達した最高点の前後で、ボールが描く運動の軌跡が対称になっていることが、少し離れた所からこの運動を見ているとわかる。

このような現象が起こる理由が何らかの法則性を持つこと、また、この規則性をもたらす原因を明らかにすることができれば、その現象の説明としてすべての人々を納得させることができるであろう。

そのためには、同様の現象の観察を数多く重ねて行ない、それらから法則性を導くという方法がある。ここから導かれた法則性は、理由はともかくとして、まず間違いなく認められるのだということになる。こうした推論の進め方（帰納《きのう》と呼ぶ）が自然科学の研究では普通になされる。

このようにして導かれた規則性や法則性については、それを前提に、この法則性に導かれてさらにある現象が起こるであろうとの推測（演繹《えんえき》という）を可能とする。こうして、先ほどとは逆に、この法則性を出発点として研究を進められる場合もある。

科学においては、今見たような2つの反対方向に向かう考え方が、必要に応じて使い分けられながら研究が進められていくことになる。

先ほど例に挙げたボールの運動については、投げ上げてから落下するまでのボールの運動に見られるいろいろなパターンには、ある1つの共通した原理が根底にあるのではないかと考えることができる。

この問題に歴史上最初に挑戦したのがガリレオで、17世紀前半のことであった。詳しくは後の章で解説するが、彼は、手に持った小石を静かに離したときに、地面に向かって落ちていく速さが、離してからの時間に比例して大きくなっていくことを、実験による観察から明らかにした。

その結果から、落下の距離が落下した時間の2乗に比例すること、落下の速度は1秒ごとにほぼ9・8メートルずつ増加していくことを突き止めたのである。これが重力加速度と呼ばれるもので、ガリレオによって初めて「法則化」された。

一方でガリレオは、この加速度がどのような理由によって生みだされるのかを解き明かすことはできなかった。

しかしながら、ガリレオが偉大であったのは、こうした加速度運動を生じる原因が、自然界の中に隠されており、それが神秘的なものではなく、やがて（現在の表現のしかたでいうならば）〝科学的〟に解き明かされるであろうと信じていたことであった。

自然現象の発生には、この自然界の中に原因や理由となるものが隠されており、それを見つけだしていくことが、科学という学問が目指すものであることを、ガリレオは明確に意識していたのである。ガリレオが近代科学における研究の進め方や研究手法の生みの親と呼ばれるのは、このような理由によるものなのである。

自然現象にはそれらを引き起こし、成り立たせる原因と理由があり、それらが合理的に、論理を踏まえて解明されることにより、一貫した因果関係や法則性が明らかになること、そしてそこには神の意志といった超自然的なことは含まれていないということをガリレオは解き明かしたのだった。どんな物理現象も、自然界の中にそれらを引き起こす原因が隠されており、それらはすべて客観的であることを示したのである。

合理性と法則性の発見

古代ギリシャの哲学者に、アリストテレス（Aristoteles／前384～前322）という人がいたことはよく知られている。アリストテレスは自然現象についても多くの著作を残し、考察している。自然界の成り立ちについて、彼は4つの元素（element）からすべてができあがっていると述べたのだが、その際に、物には〝重さ〟と〝軽さ〟という2つの属性のいずれかが備わっているという。例えば、4元素の1つである空気には〝軽さ〟という属性が備わっているがために、地球表面から上方に広がって存在できるというのである。

この人が追究したのは、ガリレオと同じように自然現象の説明に対し合理性と法則性を見出すことであった。一方、ガリレオと異なっていたのは、こうした合理性や法則性を生みだす原因にある種の目的があるのだとしたことであった。彼はこの〝目的因〟と呼ぶものを自然現象のうちに想定し、すべての物はそれぞれの属性にしたがって存在する場所が決まっていると考えたのである。

ガリレオが明らかにしたのは、どのような物理現象にあっても、こうした目的因は存在

図2　振り子の「等時性」

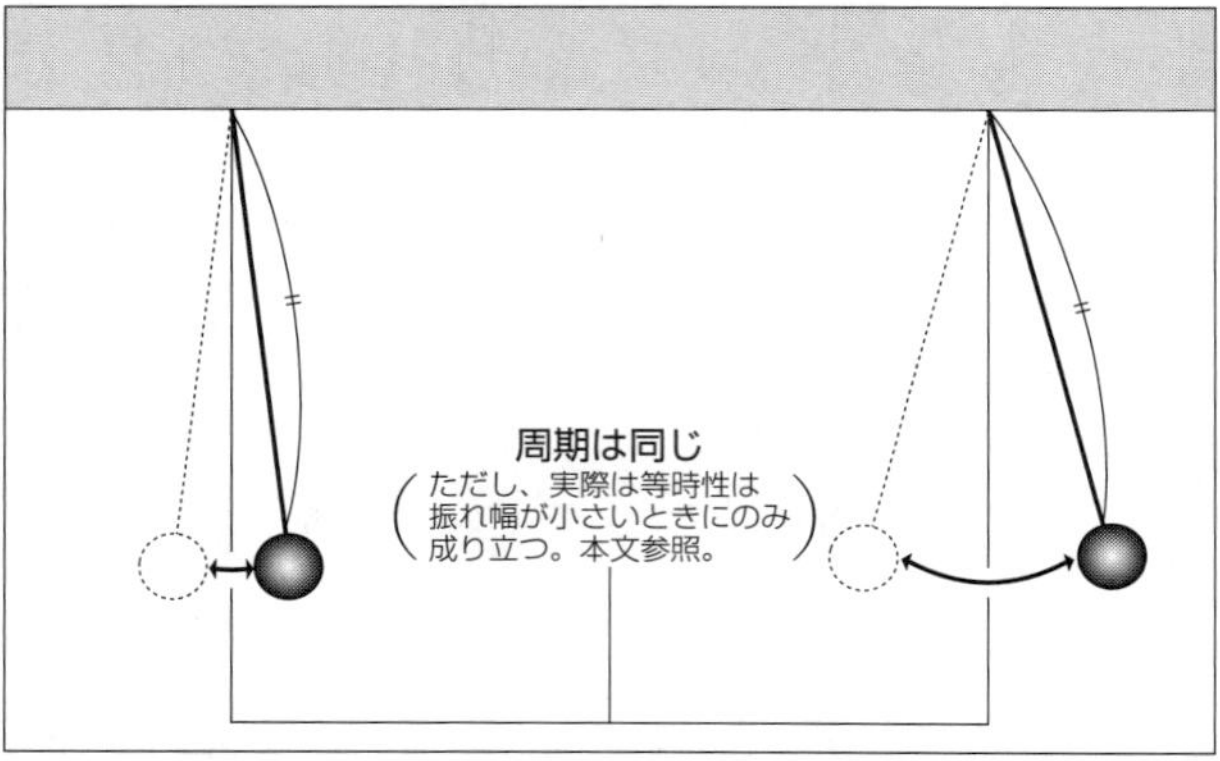
周期は同じ
（ただし、実際は等時性は
振れ幅が小さいときにのみ
成り立つ。本文参照。）

振り子の振れ幅に関係なく周期（行って戻ってくるまでの時間）は同じである。これを振り子の「等時性」という。

しないということであった。現象の発生とその時間的な展開については、何らかの客観的な原因が存在するからであって、決してその現象に目的があるのではないと強調した。

ガリレオが解明した物理現象には、先に述べた自然落下運動の他にもたくさんあるが、ここでもう1つ見ておこう。

イタリアのピサという都市に有名な斜塔があることはご存じであろう。ガリレオがこのピサに住んでいたとき、夕方にここを訪れた彼が見たのは、天井から吊るされた燭台《しょくだい》の火のゆらめきの規則性であった。

振り子に見られる往復運動のように、この燭台の火が一定の時間周期で往復運動をしているように見えたのである。彼が自分の脈拍を測りながらこの往復運動の周期を測ったところ、振れ幅に関係なく一定であった。これが後にガリレオの発見として知られることになった、振り子の〝等時性〟というものである（図2）。

この振り子の振動の周期が振れ幅に関係なく一定となるには、実はこの振れ幅が小さいことが必要（振れ幅が大きいと成り立たない）なのだが、ガリレオが観察したピサの斜塔では、燭台を吊《つ》るす天井からの綱の長さがかなり長く、この長さに比べて振れ幅が十分に小さかったので、振動の周期は振れ幅に関係なく一定となっていたのであった。

ガリレオは、この振り子の運動と、そこに見られる法則性について数式で表現することはできたのだが、なぜそのような数式による表現ができるのか、その理由を明らかにすることはできなかった。この法則性がどのような物理的な理由から導かれるのかは、後にニュートンにより解き明かされた。

これが可能となったのは、ニュートンによって万有引力（つまり重力）の法則が発見され、さらに次章で述べるように、力と運動との関係に関する力学法則、つまりニュートンの名前を冠した力学上の3法則の存在が明らかにされねばならなかった。また、微積分法という数学的手法を彼が編みだしたことによって可能になったのである。

このようにして、ガリレオからニュートンへとつながる力の働きについての発見を通じて、物理現象の統一的な理解が進められていったのであった。

注意しておきたいのは、こうした合理性を持っているのは物理学だけではないということだ。自然科学を構成する他の諸分野――化学・生物学・地球科学・天文学など――においても、そこで起こる諸現象はすべて同様に客観的で合理性に基づくものなのである。

現代物理学の特徴

こうしてガリレオやニュートンがその基礎を作った物理学の体系は、すでに述べてきたように客観的なものと考えられてきた。

物理現象は私たちがそれに関与することなく起こるものなので、その発生原因から、時間的発展、結末に至るまで、人為的な事柄は現象に一切影響を与えない。そのようなわけで、物理現象は私たちの主観的な見方から完全に離れたものとなっていなければならない。実際に、ニュートンの作った力学ではそのようになっているのである。

しかし、科学そして物理学の発展により、物質の究極の構造が次第に明らかになってくると、必ずしもそうとは言えなくなった。それは、素粒子や原子、分子などを研究する「現代物理学（Modern Physics）」と呼ばれる分野においてである。

先に、17世紀を「第一の科学革命の時代」と言ったが、現代物理学が建設された20世紀が「第二の科学革命の時代」と呼ばれているのである。

素粒子や原子、分子が関与する極微の世界で起こる物理現象にあっては、それらを観察したり、観測したりする際に、私たちの肉眼では見えないため、ガンマ線やX線などを利用してその現象を捉える必要がある。その際、これらのガンマ線やエックス線の影響により、観察の対象である現象自体が乱されてしまうことがあるのだ。

こうした制約については第7章で詳しく述べるが、いずれにしても、ガリレオやニュートンが研究した物理現象については、このような制約は考慮しなくてもよい。

最も重要なことは、物理現象において、その現象を引き起こす原因と結果との間には合理的かつ論理的な因果関係があるということである。物理学では、物理現象に隠れたその因果関係を見つけださなければならない。

数学の理論を用いるのはその因果関係をより厳密に説明するためであって、物理現象が成り立つ理由をたずねるに当たっては数式を必要とすることはないのである。数学的な表現はあくまで手段であり、この因果関係が合理的に正しく導かれていれば、数値上の対応関係も必然的に成り立つはずのものなのだ。

繰り返しになるが、この本の表題に〝数式なしでわかる〟という表現を用いたのは、今述べたことを強調したかったからなのである。このようなわけで、アインシュタインによるいわゆる「等価原理」についての式（第4章参照）以外には、この本の中には数式は一切出てこない。もちろん、算術計算（いわゆる足し算から割り算、分数程度のもの）は使うかもしれない。これは、日常生活などでも使う、四則演算である。

では、これから物理学という学問について、数式なしで語っていくことにしよう。

第2章　力と運動とは

——ガリレオ、ニュートンが作りだした力学

「力」とは何か

物理学の内容について記述する場合でも、学術用語として特別なもの以外は、私たちが日常生活で使用していることばを用いている。例えば、この章で扱う「力（force）」とか「運動（motion）」などである。

ただ、物理学においてこれらのことばを用いる場合、その使い方が少し制限されて、ある特定の意味がその用法に適用される。そのようにするのは、内容について正確を期するためである。

物理学上で「力」という場合、その作用により現状に何らかの変化を引き起こすことが暗黙の内に了解されている。その働きに「大きさ」という物理量と、「向き」を持っているということだ。

この力の向きが、力が作用した相手の物体に運動を引き起こした際の、運動の生じる方向になっている。ただし、ゴムのような弾性体（変形するが、こわれない）などの場合には、その向きが異なる場合がある。

物理学の記述をする際には、このように日常生活で使用することばを用いながらも、疑問の余地を残さないように、きちんとした定義が与えられる。そのようにして、厳密性を与えるのである。

こうした厳密性を考慮する必要性から、日常用語では足りなくなり、学術用語を新しく作りだして用いる場合が、しばしば出てくる。

「加速度」という概念はガリレオによって初めて作られたし、「万有引力（universal attraction）」という力の存在とその概念は、ニュートンによって厳密に定義された。

ガリレオが物体の自然落下について研究した際には、この運動が地球からの重力の作用によって引き起こされているとはわからなかった。そのため、彼は観察された自然落下運動の数理的な関係について、客観的な記述をしただけであった。この運動がどのような原因によるものかの解明は、ニュートンの仕事として残されたのであった。

物理学が進歩するにつれて、研究分野が拡大し、その過程を通じて、たくさんの学術用語が研究者によって工夫して作られ、さらなる物理学の進歩をもたらすことになった。

20世紀に入って、「現代物理学」と呼ばれる学問が建設されてから、こうした学術用語の数は一挙に増えた。研究が進むに従って、私たちが日常的に使っていることばだけでは、どうにも表現できない現象やそれを表わす量が出てきたからである。

そのため、現代物理学は複雑なものになっているのだが、一方で物理学という学問の構造は維持されていることを私たちは忘れてはならない。

この章では、力と運動との関わり方について、ガリレオが研究した自然落下運動から始めて、物理現象の実験による観察とその解釈のしかたについて見ていくことにしよう。

「実験」という手法

物理現象の本質を捉える——つまり、どのような変化がどのような原因で起きているのかを解明する——ためには、自然界に起きている物理現象を観察しなければならない。

しかし、自然界では、観察したい現象だけでなく、多種多様な現象が同時に起こっており、それが観察の邪魔となってしまう。したがって、ある物理現象について、その現象の時間的推移や原因を探ろうという試みが困難になってしまう場合がある。

このような難点を克服するために、自然科学の研究にあっては、できるだけこうした邪魔や乱れとなるものを取り除けるよう条件を整え、その特定の現象だけを再現することが必要となる。これが「実験」である。

それでは実際の自然現象とは違うではないかという批判があるかもしれないが、複雑な現象の中から、ある現象の本質を取りだすためには、こうした実験的方法が有効なのである。

歴史的に見たとき、実際にこのような実験的方法を意識して工夫し、物理現象の本質やその時間的発展、変化について研究し、成功したのは、おそらくガリレオが最初であったといってもよいであろう。

彼と同時代か、それより少し遅れていたが、物理学の進歩に大きな寄与をしたパスカル（B. Pascal／1623〜1662）も、大気には「重さ（weight）」があることを実験に基づいて証明している。

ガリレオが行なったのは、物体の自然落下運動についての実験である。

前にも触れたように、この運動では落下が開始してから1秒後には速さが約9・8メートル毎秒（m/s）となり、落下した距離は約4・9メートルに達するので、鉛直下方に向けて物を落下させたのでは、当時の技術ではその現象を捉えることなど不可能であった。

そこでガリレオはどうしたかというと、勾配《こうばい》の緩《ゆる》やかで滑《なめ》らかな斜面を用意し、その斜面に、よく磨いた（つまり摩擦による抵抗を小さくした）小さな球を転がしたのである（図3上段）。鉛直下方に落ちるのとは違い、斜面に沿って転がるため、運動はゆっくりしたものとなり、時間とともに球の位置がどのように移動していくかをかなり正確に測ることができた。

このような実験により、球の運動における時間と距離、そして速度の関係を明らかにしたのであった。その結果、斜面を転がり落ちる球の移動距離は、時間の2乗に比例することがわかった。

しかし、これはあくまで斜面を転がる場合であり、落下ではないと思われるかもしれない。そこでガリレオは、鉛直下方に落とした場合にどうなるかを補正することにより（斜面に沿って移動していく際の加速度の大きさと、鉛直下方に向けて落とした場合の加速度の大きさとの関係は斜面の角度により、三角関数を使うことで計算できる）、加速度がほぼ毎秒9・8メートルの速さを生じることを明らかにしたのである。

さて、この斜面に沿って転がり落ちてきた球は、地面に到達したら、当然予想されるよ

図3　ガリレオによる自然落下の実験

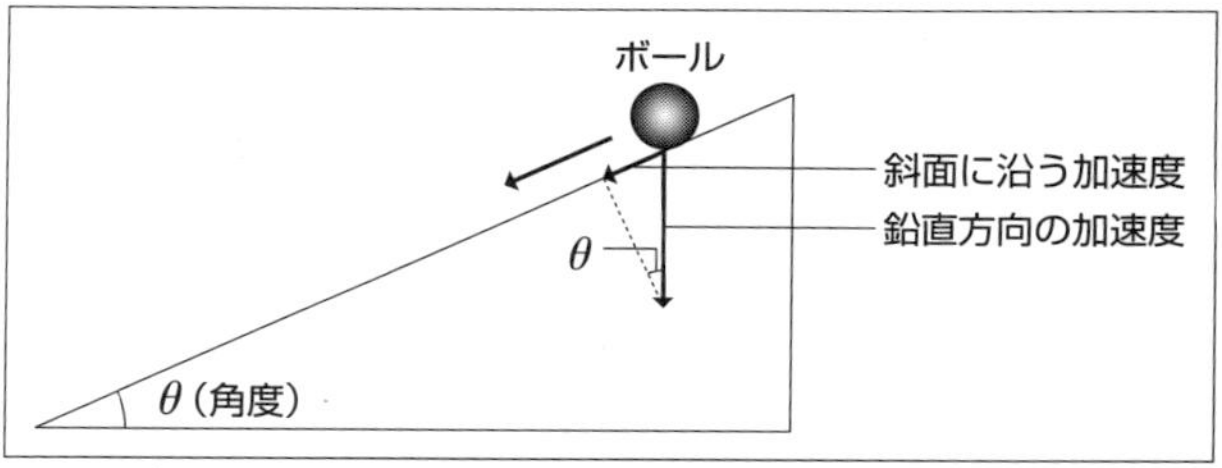

自然落下運動を調べるために、緩やかな斜面に沿ってボールを転がす。斜面に沿う加速度と斜面の角度から鉛直方向の加速度を計算できる。

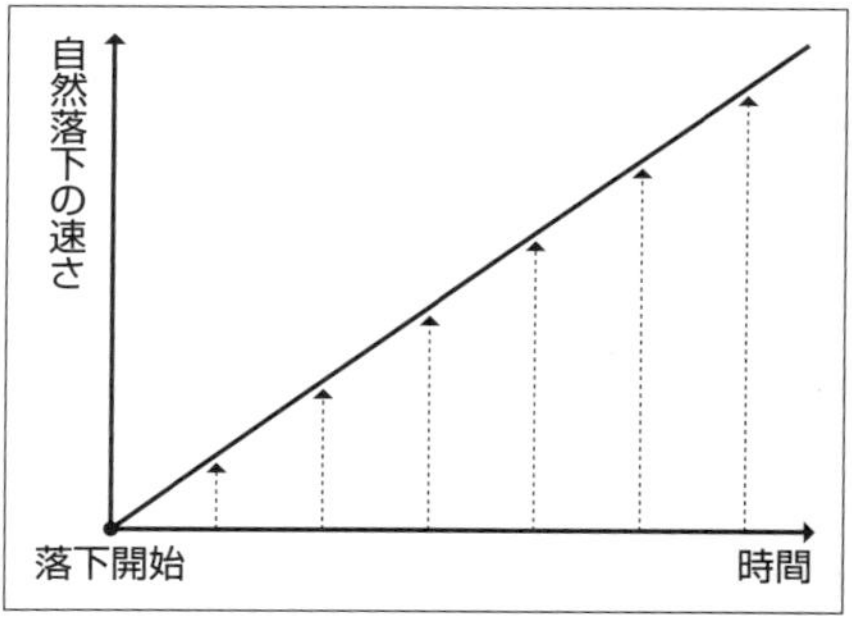

自然落下の速さは時間に比例する。

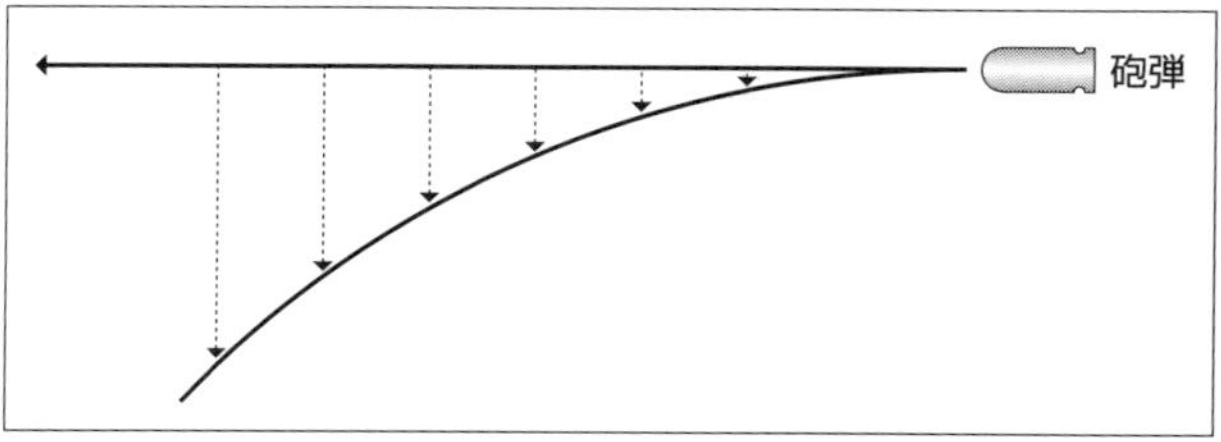

水平方向に発射された砲弾は放物線軌道を描く。水平方向には（大気による摩擦を考えなければ）一定の速さで飛んでいくのに対し、垂直方向には自然落下の加速度による運動を生じるからである。

うにそのうちに止まってしまう。そこで、ガリレオはさらに、斜面から続く地面が滑らかな面だったと想定したとき、球はこの面上をどのように移動するのだろうかということを考えた。

この面に凸凹がなく、摩擦が全然なかったとしたら球はとどまることなく、この面に沿ってずっと運動を続けるはずだと彼は推論した。この推論の結果にはいくつかの難点があったものの、後にニュートンが明らかにした、物体の持つ慣性とその運動につらなる重要な概念を含んでいた。

ガリレオはまた、大地に平行に撃ちだされた大砲の弾丸がどのような軌道を描いて飛んでいくのかについても研究し、大気による摩擦抵抗を無視しうる場合には、弾道が放物線を描くことも示した（図3下段）。この運動を分解してみれば、水平方向には弾丸は一定の速さで飛んでいくのに対し、鉛直下方には先ほどの自然落下の法則が成り立つのである。

図4　パスカルによる大気圧の実験

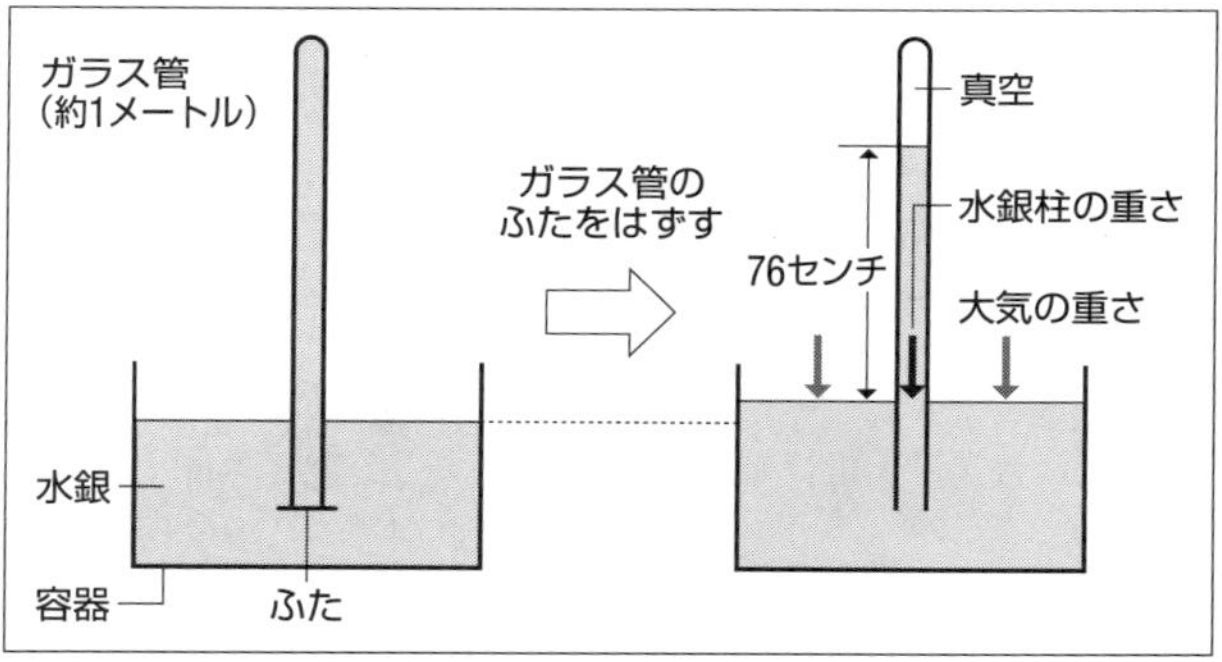

水銀で満たした細長いガラス管を、同じく水銀で満たした容器に、ふたをして逆さに立てる。ふたをはずすとガラス管の水銀は下がる。このとき、管の中の水銀柱の重さと、容器の水銀面を押す大気の重さがつりあっている。

大気に重さがあることを示したパスカル

一方、パスカルが示した大気に重さがあることは、どのような方法によるものだったのだろうか。

彼は、1メートルあまりの細長いガラス管と液体の水銀を用意し、このガラス管に水銀をつめ、管の口を下にしてふさいだ状態で、同じく水銀を貯めた水盤の中につけて立てた。そうして、ふさいでいた管の口を開いた(図4)。

すると、ガラス管の中の水銀は流れていったのだが、全部が流れ落ちたわけではなく、約76センチを残して止まった。すなわち、ガラス管の上部には空洞ができたのである。

ところで、この空洞がなぜできたのかについて当時の人たちは、空気がしみこんだのだとか、ガラス管の一部が管内に溶けて広がったなどと考えたのだが、パスカルは、そこが真空状態であることを別の実験で示し、「真空」というものの存在を明らかにした。それまでは、真空という状態が存在することなど、誰も考えてもみなかったのであった。

この実験結果は何を示しているだろうか。

ガラス管の中にある水銀には地球から万有引力が働く。一方、水盤の水銀面には大気圧、すなわち大気の「重さ（weight）」がかかっている。この2つの力が同じになって釣り合っている状態が、ガラス管の中の水銀が76センチとなって現われている。

つまり、このことによって、大気には重さがあることをパスカルは示したのであった。アリストテレス以来、信じられてきたような〝軽さ〟が大気にあるわけではないことを確認したのである。

また、高い山のようなところでは平地に比べて大気圧が小さくなるため、同様の実験をしたとき、管中の水銀の高さは76センチよりも低くなっているはずである。パスカルは、義兄たちの協力の下に、ビュイ・ド・ドームという故郷の山で実験し、実際にそのようになっていることを確かめている。

このような実験による物理現象の観察と、その観察結果の解釈から、自然現象の中に隠された合理性または法則性について明らかにしていく方法は、17世紀に生きた天才とも呼べる多くの人たちにより作りあげられた。こうした実験的方法は、精密な観察に基づいて得られた事実関係に対し大きな力を発揮したが、さらに、手が届かぬ天体の運動についても、精密な観測を通じてその運動に見られる規則性や法則性を摘出し、そこからこの運動の本質を明らかにすることもなされるようになったのである。

後で見るように、ケプラー（J. Kepler／１５７１～１６３０）による惑星の公転軌道に見られる法則性の発見はその最たるものであったといってよいだろう。

ガリレオが明らかにした「加速度」の存在

ガリレオは生前の１６３８年に、私たちが現在〝力学〟と呼んでいる領域の研究を扱った書物を出版した。この力学に関する対話篇ともいうべき書物は、我が国でも早くから翻訳出版されており、『新科学対話』（岩波文庫版）との表題がつけられている。この本を読まれた方も多いかもしれない。

私事で恐縮だが、私は大学入学直後（1952年）の4月に大学近くの書店でこの本を手に入れて読んだ。今も手元にあるが、当時の紙質や印刷事情が悪かったこともあり、今ではすっかり赤茶けてしまって、いくつかのページには穴が開いている。しかしながら、この本は私にとって、科学という学問について目を開かせてくれた懐かしい書物である。

この本の中で、ガリレオは先の物体の自然落下運動について詳しく述べている。すでに述べたように、この落下運動における加速度はほぼ毎秒9・8メートルの速さを生みだす大きさであったが、これはその物体の質量とは無関係に一定である。この事実の証明は、よく知られたピサの斜塔における実験によってなされた。ガリレオは、塔の上から重さの違う2つの物体を同時に落とし、両者が同時に地面につくのを確かめた（図5）。

加速度とは、単位時間（例えば1秒）にどれだけの速さを生じるかという大きさを表わす。速さを「毎秒〜メートル」で表わすとすれば、加速度の表示は、「メートル／時間の2乗」ということになる。このような表示のしかたを、物理学では「次元（dimension）」と呼んでいる。この場合、次元は［m/s^2］となる。

図5　重さが違うと、落下速度はどうなるか

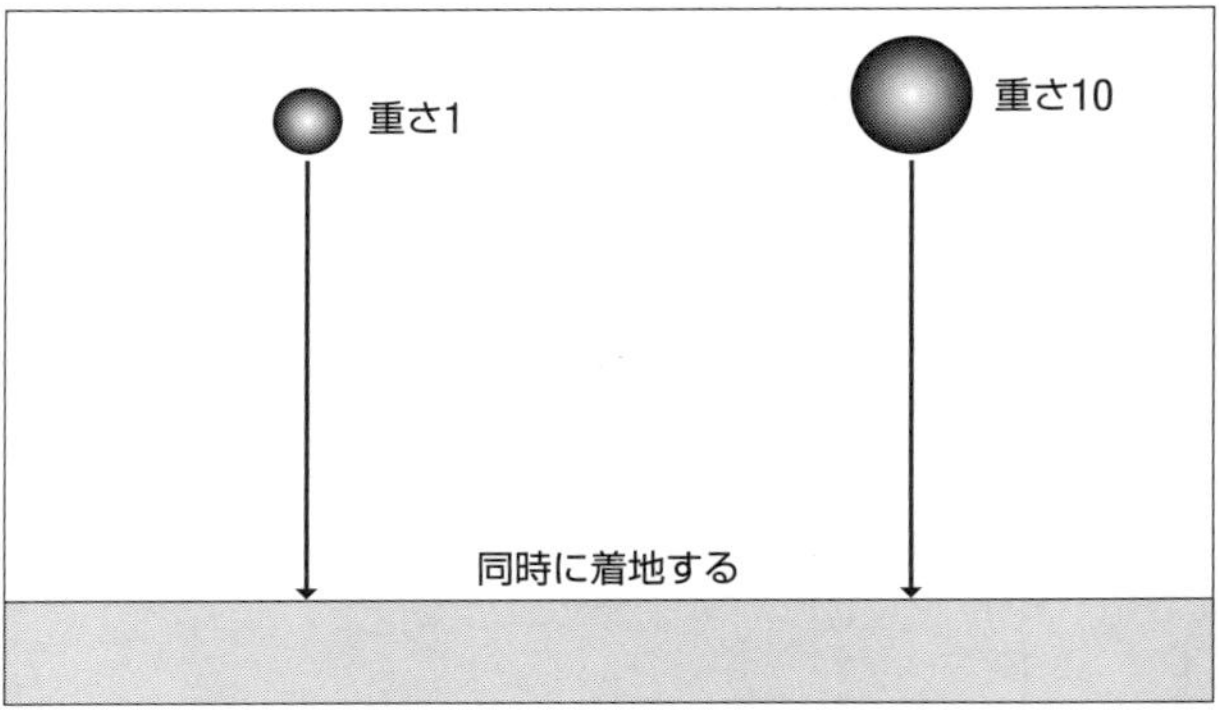

同じ高さから質量の違う物体を同時に落とすと、同時に着地する。自然落下における加速度運動は質量によらず一定であることが、ガリレオによって示された。

物理学で用いられるいろいろな物理量には、大きさだけでなく、このように次元があり、それによりその物理量がどのような性質を持つかがわかるようになっているのである。次元という表現の大切さを了解していただけることであろう。

ガリレオによれば、物体の自然落下運動は、物体固有の質量によらず一定で、ほぼ9・8［m/s^2］であった。

さて、加速度を証明したガリレオによるピサの斜塔の実験に話を戻すと、塔の上から落とした2つの「重さ（weight）」の違う物体という表現が当時はされていたのだが、実は現代から見るとこの表現は正しくない。正し

くは「質量（mass）」という言い方を用いなければならないのである。

「重さ」と「質量」では何が違うのだろうか。「重さ」とは、地球からの引力の働きの強さによって測られる物理量である。「質量」とは、その物体自体が固有に持ち、重さを生じる物理量のことである。

「質量」は、その物体がどこにあっても変わらない値だが、「重さ」は重力の変化などによって変わるものである。

この質量という概念については、後にニュートンも取りあげるのだが、彼自身にとってもうまく説明しえないものであった。彼の著書である『プリンキピア』と略称される（邦題は『自然哲学の数学的原理』）本で、この質量の概念について説明しているのだが、うまくいかなかったことが彼の説明のしかたからわかる。

しかし、ニュートンは加速度と力との関係については明確に理解していたので、ガリレオが求めた加速度が、地球が物体に及ぼす万有引力に比例する物理量であることを正しく導いた。

それは彼が建設した力についての学問、「力学」の第2法則を見ればわかる。そこでは、物体の持つ固有の質量と加速度の積が、力という作用を表わす物理量となっていることが示されているからである。

つまり、加速度はその物体に働く力の大きさである「重さ」にかかわっており、この力を生みだす物質固有の量が「質量」なのだということになる。

こうして、地球上において自然落下における加速度を生みだす原因は、万有引力の法則を見出したニュートンによって初めて正しく理解されたのであった。ここに、物理学の一分野である〝力学〟における歴史上の転回点があったのである。

ガリレオから始まった天体観察の革新

また、ガリレオが手製の望遠鏡によって月や金星、木星、土星といった惑星たちの観測を行ない、たくさんの重要な発見をなしとげたことも知られている。月には山や谷があり、地球の海洋に似た領域が広がっていることも明らかにしたが、彼にとっては実際に、月にも海洋が存在すると考えられたのであった。だからこそ、月面に見られる暗い領域を「海（mare）」と名づけたのである。

彼は、木星には4個の衛星があり、それらが木星の周囲を公転していることを観測から突き止めた。さらに、そのことから太陽系においても、地球や他の惑星たちが太陽の周囲を公転しているのだとする、コペルニクス（N. Copernicus／1473〜1543）の提案した太陽中心説、すなわち地動説を支持する論陣を張った。このことは、1632年に著した『プトレマイオスとコペルニクスの二大世界体系についての対話』（我が国では『天文対話』と題して翻訳出版されている）と題した書物の中で述べられている。

この出版が、彼を二度目の宗教裁判に引きだすことになったのだが、彼の展開した論理がきわめて強い説得力を持っていることが、この本を読むとわかる。

望遠鏡による天体の観測の試みは、ガリレオ以前にはなされることがなかった。『天体の回転について』と題した書物を1543年に出版し、太陽系の構造について天動説から地動説へと革命的な変革を提案したコペルニクスも望遠鏡については知らなかった。彼が提案した地動説も、観測に基づく事実に立脚したものではなく、思弁的なものであった。

現在では、地球が太陽のまわりをめぐる公転軌道が楕円《だえん》を描くことはよく知られている。他の惑星も同様であるが、コペルニクスの考えでは、それらはすべて円軌道であっ

図6　ケプラーの法則（第2法則：面積速度一定の法則）

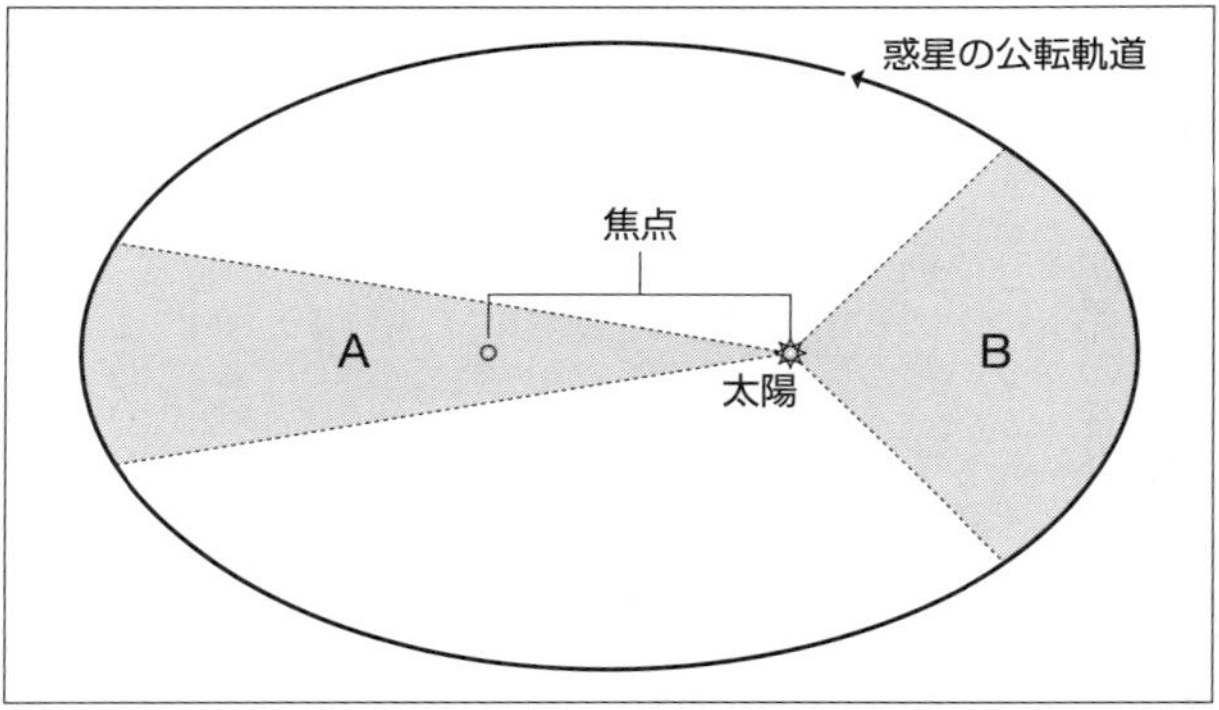

惑星と太陽を結ぶ直線が、ある一定時間に掃引する面積（面積速度）は常に一定である。例えば図のAとBは同じ時間での惑星の動きであり、面積は等しい。

た。実際の観測はそれとは異なるので、無理やり合わせるための論理をつくったのである。

惑星の公転軌道が楕円であることは、16世紀後半の大天文学者ティコ・ブラーエ（T. Brahe／1546〜1601）の弟子ともいえるケプラーによって初めて疑問の余地なく確立された。

ブラーエは、デンマークのフヴェン島にあったウラニボルク天文台において、10年ほどにわたり火星の天空上の運動を肉眼で詳しく観察し、その記録を残した。この記録は弟子のケプラーに受け継がれてより詳しく分析され、彼の名前を冠した惑星の公転運動に関する3つの法則が導かれたのであった。

ケプラーは、1609年に惑星の公転運動に関する最初の2つの法則を発表した。第1の法則は、惑星の公転軌道は楕円であり、楕円にある2つの焦点のうちの1つをめぐるように運動するというものであった。

2つ目は、惑星が公転軌道に沿って運動していく際に、ある単位時間、例えば1分間に、惑星と太陽を結ぶ直線（動径という）が、空間を掃引《そういん》（トレース）して描く面積が、公転軌道上で一定であることについて述べている（図6）。この軌道が描く面積は「面積速度」と呼ばれるが、これが一定の時間に対し、常に一定に維持されるのである。

ニュートンが万有引力を発見するに当たって重要な手がかりとなったケプラーの第3法則は、1619年に彼が著した『世界の調和』と題した本の中で与えられている。この法則は、惑星運動において、その公転周期の2乗が、この公転軌道の作る楕円の長半径の3乗に比例するというものであった。

このような関係の存在が、ケプラーによってどういう手順を経て発見されたのかはわからないが、彼が自然現象が数の組み合わせによって作りあげられているのだという信念を持っていたことが影響しているのであろう。彼の発想には、数について神がかり的な面のあったことが、彼の本を見ても伝わってくる。

こうして、ケプラーが確信したように、宇宙における惑星の公転運動にも調和した関係が成り立つことがわかった。しかし、この規則性がどのような物理学上の法則によって導かれるのかについては、ケプラーにはついに解き明かすことができなかった。この問題を解くには、ニュートンという天才を必要としたのであった。

ニュートンによる「万有引力」の発見

よく知られているように、万有引力（重力）の法則はニュートンによって導かれた。

この人は、ガリレオやケプラーの研究業績について詳細に研究しており、特にケプラーによる惑星運動に関する法則が導かれる理由については、深い注意を払っていたように見える。というのも、この万有引力の法則が、ケプラーの第3法則から、論理性をそこなうことなく導かれたからであった。

先に見たようなケプラーの第3法則において、惑星が太陽の周りを回る公転軌道が円であったとしたら、この円の半径の3乗に、公転周期の2乗が比例することになる。

仮定の話だが、地球が円軌道を描いて太陽の周囲を運動しているのだとすると、この運動を引き起こす力が太陽と地球の間に働いており、ニュートンが導いた力学の第2法則からこの力の働きが加速度を生じるので、太陽と地球の間に働く互いに引き合う力は、太陽と地球との間の距離の2乗に逆比例することが導かれる。

また、力の働きの大きさは、力の作用を受ける物体の質量に比例するので、地球が太陽から受ける力の強さは、地球の質量に比例することになる。逆に地球から太陽を見た場合には、地球が太陽に及ぼす力はどちらが他方の天体を見ても同様に働くので、万有引力は地球と太陽の両質量の積に比例するのだと必然的に導かれる。

ニュートンはこのような思考過程を経て、地球と太陽の間にはこれら両天体の質量の積に比例し、両天体間の距離の2乗に逆比例する、互いに引き合う力が働くことを明らかにしたのだった。したがって、質量を持つ物体間には、このような引き合う力、つまり引力が普遍的に働いていることになる。このような理由から、質量を持つ物体間に働く引力を「万有引力（universal attraction）」と呼んだのであった。

図7　ニュートン力学の3法則

〈ニュートンの法則〉

第1法則（慣性の法則）……力の作用がないとき、
- 物体の運動は速度一定（向きと大きさが不変）
- 速度ゼロ（静止）のときは静止したまま

第2法則……力の作用を受けると、
- 物体はこの作用の向きに加速度が生じる
- 加速度の大きさは物体の質量に逆比例する

第3法則（作用・反作用の法則）……2つの物体が互いに力の作用を及ぼすとき、一方の物体に生じる加速度は、もう一方の加速度と向きが反対である。作用の大きさは同じである

〈ニュートンのリンゴと万有引力〉

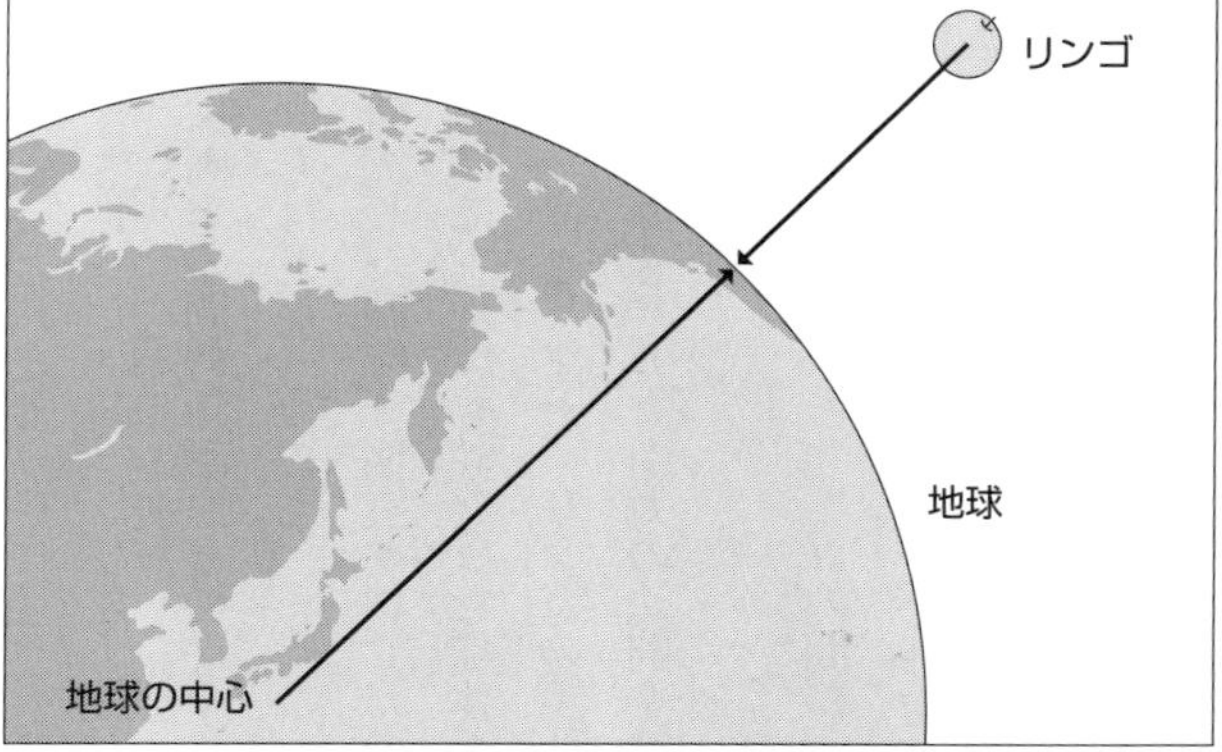

地球とリンゴの間には万有引力（重力）が働いている。リンゴが地球を引く力と地球がリンゴを引く力とは等しく向きが反対である（ニュートンの第3法則が働いている）。

有名なニュートンのリンゴの逸話は、ここで登場することになる。先に述べたことから明らかなように、地球とリンゴの間にも万有引力は当然働いている。この力はリンゴと地球の両質量の積に比例していると想定されるのだが、両者の間の距離をどのようにとったらよいのかが大きな問題として、ニュートンの前に立ちはだかったのだった。

ニュートンが万有引力の働き方について苦心して研究した結果、明らかにしたのは、地球とリンゴの間に働く力の大きさを計算から導くためには、地球もリンゴも球体だと仮定したとき、近似的に地球の重心の1点に地球の質量の全体を、また、リンゴの重心にその質量すべてが置かれていると考えてよいことを数学的に導き、万有引力の法則を適用したのだった。

その結果、以下のように考えたのである。地表付近では、地球とリンゴの間に働く万有引力により、これら2物体の重心に向かって両者が加速しつつ運動する（つまり〝落ちていく〟）はずだが、地球の質量がリンゴの質量に比べて〝無限大〟といえるほど大きいので、リンゴが地面に向かって落下することになるのだ（図7）。

ニュートンによる、いわゆる「力学の3法則」は以下に示すようなものである。

第1法則……力が働いていない場合には、物体は静止状態を続けるか、運動していた場合にはその運動を維持し、直線的に運動する。

第2法則……物体に力が作用すると、その力の方向に加速度を生じる。その上で、力の大きさは力の作用を受ける物体の質量とそれに生じる加速度との積に等しい（このことは、加速度がない状態は第1法則が成り立つ状態にあることを意味する）。

第3法則……ある物体が他の物体に作用する力がある場合には、両物体の間には、互いに逆向きの力が働き、その大きさは同じである。この法則は、力の働き、つまり作用に対して反作用を生じる「作用・反作用の法則」ともいわれる。

力と運動に関する学問の基礎に、このような3つの法則を据えることにより、この自然界において物体に対する力の働きから生じるいろいろな運動について、疑問の余地なく解き明かせるようになったのであった。

さらに万有引力の法則は、太陽系の惑星たちの公転運動のみならず、彗星《すいせい》の運動の取り扱いに対しても、十分の精度でその運動を研究でき、ハレー彗星のような周期的に太陽に接近する彗星についても、その軌道運動を計算することができるようになったのである。

ちなみに、このハレー彗星の名前の由来は、ニュートンと同時代に生きたエドモンド・ハレー（E. Halley／1656～1742）である。彼が、ニュートンが定式化した万有引力の法則と太陽の重力の働きの下における天体運動の理論から、76年という長い回帰周期の彗星の存在を予言したことで、彼の名前が冠せられ「Halley's Comet」と呼ばれるようになったのである。当時の人に与えた衝撃の大きさが想像される。

万有引力が質量を持つ物体間に常に働いているということは、この宇宙にたくさん存在している星々の間にも、（たとえ弱くても）この力が働いているということを意味する。このような事実に基づき、宇宙の天体の運動について、天体間に働くこの力を考慮した精密な議論が可能となり、後に天体力学と呼ばれるようになった学問領域が建設されることになった。このようにニュートンによる万有引力と力学法則の定式化は、後世に大きな影響を及ぼしたのであった。

万有引力をめぐって力学という学問の内容が革命的に大きく変化するのは、20世紀に入ってアインシュタイン（A.Einstein／1879～1955）により、一般相対性理論と呼ばれる理論が建設されて以後のことである。

しかし、この理論は、太陽系の諸天体のようにその運動速度が光速度に比べて非常に小さい場合にはほとんど影響しない。地球の公転運動の取り扱いには、ニュートンにより大成された力学で十分なのである。人工衛星やロケットなどのようなものの運動についても、ニュートンによる力学で足りるのだ。

こうして、ニュートンとアインシュタインの万有引力をめぐる革命的な研究により、人類は宇宙に存在する物体の運動に関する理論的支柱を手に入れた。その意味でも、この2人の研究業績は際立っているのである。

第3章 物理現象をどこから見るか

——視点の取り方で同じ現象が違うものになる

地面はどこか？

前章では、ニュートンが建設した万有引力の理論と力学の法則について述べたが、力と運動の問題を扱うにあたって大事なことがある。それは、この運動を観察する足場や枠組み（すなわち視点）をどこに置くかということである。

ガリレオが研究した自然落下運動を扱うのに、前章では何の条件も述べずに、地面からボールを真上に投げ上げた場合について触れた。だが、「地面」とは一体どこのことを指しているのだろうか。

「地面は地面ではないか」といわれるかもしれないが、物理現象を観察し、その時間的推移や空間的な構造を明らかにしようと試みる際には、その観察の視点をどこに置くかはきわめて重要である。この点の取り方により、現象の本質が見えなくなってしまう場合さえあるからである。

先の事例のようにボールを真上に投げ上げる場合、この運動を観察する点をボールが到達する最高点にとったのでは、この運動の本質は見えてこない。この場合、ボールは観察する点に向かって近づいてきて、やがて止まり、そして遠ざかっていくというように見えてしまうからだ。運動の本質を見抜くためには、私たちは観察するのに最もよい、空間内の足場を見つける必要がある。

このような足場と、その中で基準点を見つけられれば、そこを出発点にして空間的な位置関係や時間を測り、それによってその現象を分析することができるようになる。

例えば、自然落下運動においては、落下が開始する地点を基準にとると、運動はその点から鉛直下方に向かって進む。したがって、その方向に空間の尺度を設定し、落下する物体がある一定の時間ごとに、この尺度でどの位置にあったかを測定すればよい。ガリレオが行なった観察がまさにこのような方法であった。

では、観察の基準点は運動の開始地点であればいいのかというと、そう簡単ではない。観察者が静止していないで、空間中を移動しながら観察したほうが現象の本質がより明確に見えてくる場合もあることに注意しなければいけないのである。

月が回っているのか、地球が回っているのか

ところで、万有引力の法則を発見したニュートンであるが、彼は最初から力と運動につ

図8　光の「干渉」現象

（1つの例）

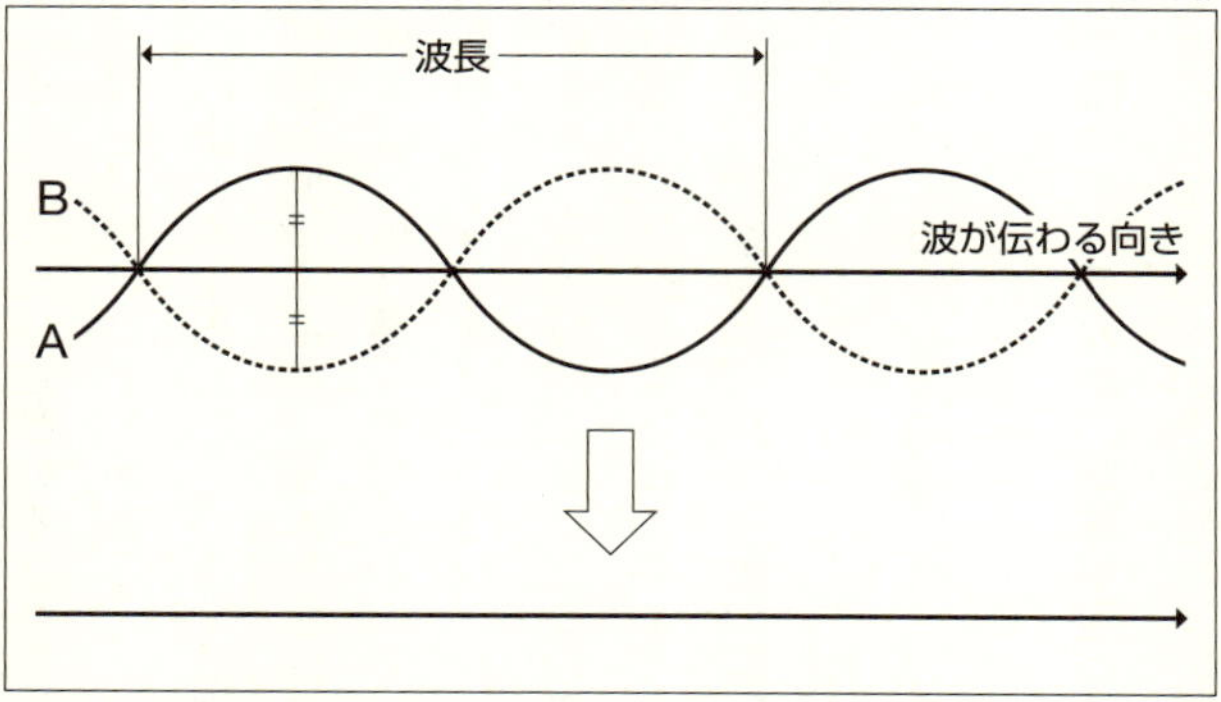

光の波Aと、Aから半波長ずれた光の波Bが波長の半分だけずれて重なると、2つの波が打ち消しあって波が消えてしまう。これを「干渉」という。

いての学問、すなわち力学の研究をしていたわけではない。若い頃は、イギリスのケンブリッジ大学で、当時教授であったアイザック・バーロー（I. Barrow／1630～1677）の指導の下に、光に関する学問（光学）について研究していた。彼の有名な業績には、虹の形成の機構についての解明がある。つまり、虹がいくつかの色に分かれて見える原因を明らかにした。

また、光には「干渉」という現象があることも明らかにした。光は波動現象なので、2つの波が、例えば、波長が半分ずれた状態で重なると、片方の波の高いところともう一方の波の低いところが互いに打ち消しあって、波が消えてしまう（図8）。これが干渉と呼ばれるものである。

光学の分野でこうした重要な研究成果を上げていたニュートンだが、1664年から1666年にかけてイギリスで大流行したペストを避けるために、生まれ故郷のウールスソープに移り住んだ。この3年ほどの間に、彼は、万有引力の法則、力学の3法則、微積分法の建設といった、科学の歴史を変えてしまうような大きな業績を上げたのであった。

ニュートンは、力の働きが加速度を生みだすという事実を発見したのだが、地球と月の間に働く万有引力の働きを月と地球の運動のしかたから眺めると、この力の向きは地球と月とを結ぶ直線上にあり、ニュートンの力学の第3法則から月が地球から受ける万有引力は地球に向かっており、月は地球に向かう加速度を生じる。

そうであるならば、月は地球に向かって落ちてくることになり、いつか衝突してしまいそうなものだが、そうならないのはなぜだろうか。

その理由は、月が地球の周りを回って（公転して）いることである。地球から見た月は、地球に向かって落下しながら、実は〝横滑り〟の運動をしているのである。この横滑りの運動があるために、月は地球に向かう加速度運動（落下）をしつづけているのに、ぶ

図9　月と地球が衝突しない理由

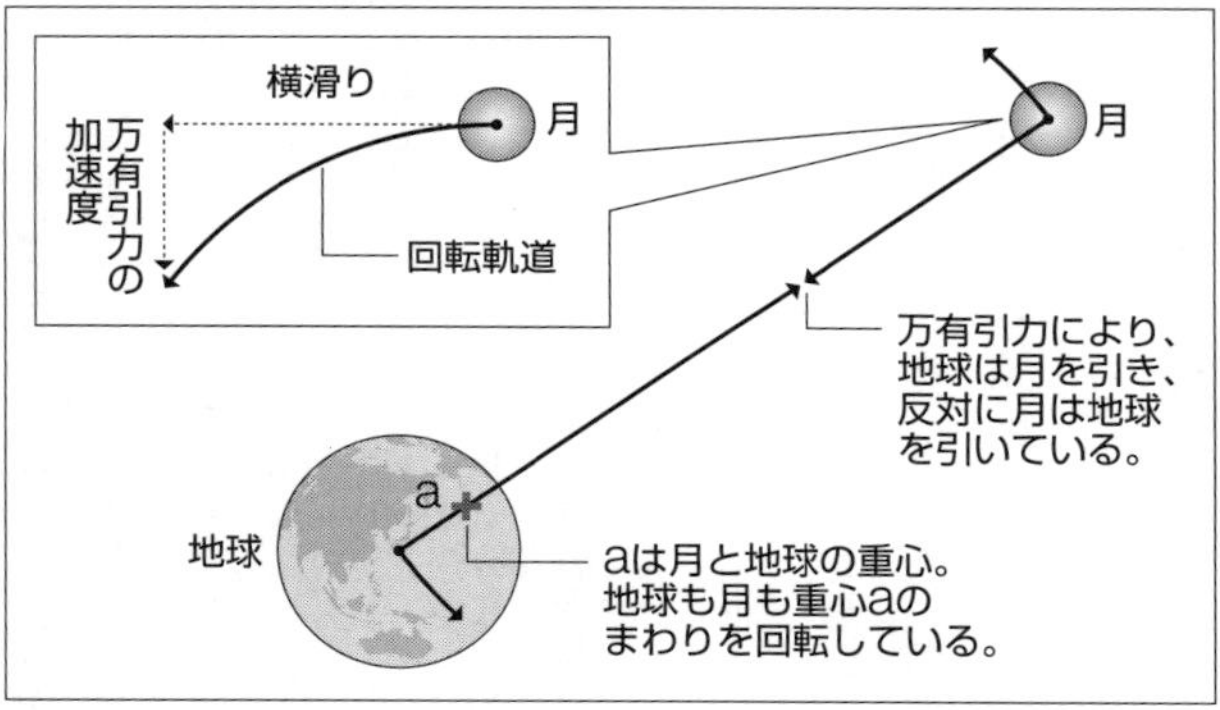

地球と月は万有引力により引きあい、月は地球に向けて「落下」しつづけている。しかし、月は「横滑り」の運動をしているため、一定の距離を保ちつづけて回転することになる。

つかることがないのである（図9）。

つまり、やはり月は地球に向かって落下をしつづけているのだが、同時に横滑りによってその分だけ遠ざかっているのである。もしこの横滑り運動がないとしたら、月は地球へ衝突するだろう。

また、月の質量は地球の約80分の1と相当に大きいので、月と地球の重心は地球の中心から少しだけ月の方へ偏っている。したがって、地球はこの偏った重心に対して回転運動をしているのである。

このような運動も、地球上から見たのではわからない。地球と月からある程度遠く離れて、月の軌道面に対し垂直の方向から観測すれば見えるのである。観測の足場をどこにとるかによって運動の本質が見えてくるというのは、こういうことなのである。

よく知られているように、地球の周囲を月は27日と少しで一周する。私たちの祖先が月によって時を測る、いわゆる太陰暦を考案したときには、新月から次の新月までを1カ月とした。だが、この日数は29・5日と端数が出てくるので、1カ月を29日と30日の2種類とし、それらを交互に並べて12カ月を1年としてこの暦を作ったのであった。こんなところにも、昔の人々のすばらしい知恵が見えてくるのではないだろうか。この暦では、1年は354日となり、私たちが知っている365日とは異なるので、3年ごとに閏《うるう》月を2月のあとにとり、太陽の位置関係によって補正して、暦を作ったのである。これが太陽太陰暦と呼ばれるもので、明治時代になるまで日本でもこの暦が使われていた。明治5年（1872年）に、日本政府は、私たちが現在利用している太陽暦を採用することを決定したのである。

だが、月が地球を公転するのを地球を基準としないで測ると、月が地球の周囲を一周するのに、先に触れたように27日と少しでおよそ27・3日となる。つまり、4週間たらずで地球を1周する。このことから、もし月が地球を回る横滑りの運動をしていないとしたら、約1週間で月は地球に向かってきて衝突することになる。横滑りの運動をしているがために、約1週間経つと、月は新月から半月の状態に近づくのである。

走っている列車の中でジャンプしたらどうなるか——慣性運動とは

地球は太陽の周囲を公転運動しているだけでなく、自転もしている。この自転の速度は非常に大きく、東京辺りで毎秒280メートルあまりもある。私たちの住む地球はこんなに高速で西から東へ向かって動いているのに、そこに暮らす私たちはどうしてそれを身体に感じないのであろうか。

現代のように、地球の自転や公転運動の存在を知識として持ってはいても、私たちの感覚では、太陽は朝に東の空から昇ってくるものだし、夕方には西の空に沈んでいく。地球の自転が実感できない以上、太陽が東から昇って西に沈むことは経験的には正しいのだから、古代に生きた人々が地球を宇宙の中心に据え、不動のものとして考えたのは当然であったといってよいだろう。

このように、私たちが高速で動く地球上にいながらその速度を実感できないのは、地球の大きさが私たちの感覚から見てあまりに大きく、私たちの周囲にあるすべてのものが同じように動いているからである。このことは、ニュートンの力学の第１法則の表現を用いれば、「慣性運動」をしているからということができる。

この慣性運動のもっと身近な例は、新幹線に乗っているとき、列車がほぼ同じ速度でまっすぐ走っていれば、通路を歩いていてもその速度（新幹線の運動）を感じることはまったくないことだ。

もちろん、窓の外の景色を見れば、列車がどれほど速く走っているかを実感できるけれども、身体的にそれを実感することはないはずだ。だからこそ、列車内で通路を行ったりきたりできるのである。

昔の人々は、地球が自転しているのだとしたら、空を飛ぶ鳥たちはこの自転についていけず置き去りにされていってしまうはずなのに、そうならないのだから地球は自転していないのだと主張した。慣性運動は実感しにくいことがよくわかる。

これは何も昔の人だけにかぎらない。例えば、走っている列車の中でジャンプするといった経験は誰もが一度はしたことがあるのではないか。

もちろん、実際にしてみればわかることだが、どれだけ高くジャンプしてみても列車がまっすぐ走っているかぎり、私たちは飛び上がる前と同じ所に落ちてきて、列車の運動に置いていかれることはない。列車も私たちも同じ慣性運動をしているからである（図10a）。

このジャンプをしている人を、列車の外で静止している人が見たら、どのように見えるだろうか。列車の中の人は、飛び上がって、列車の進む方向に放物線を描く運動をしているはずである。このように観察する場所によって、運動の見え方は違ってくるのである。

列車の中から外で静止している人を見ると、この外の人は列車に近づいてきて、正面にきたあと、またすぐに遠ざかってしまう。外から中の人を見た場合は、やはり近づいてきて遠ざかるが、その見え方の向きはまったく逆になっている（図10b）。

このように運動の見え方は、運動の相対性から生じる。物事について観察する場合、私たちは自分の足場を固めて静止の状態に置いていないと、観察の正確さが保たれないと考えてしまうが、静止という状態は相対的なもので、先に見た列車の中の人と外にいる人の

図10　列車の中でジャンプしたらどうなるか

(a) 列車の中でジャンプ

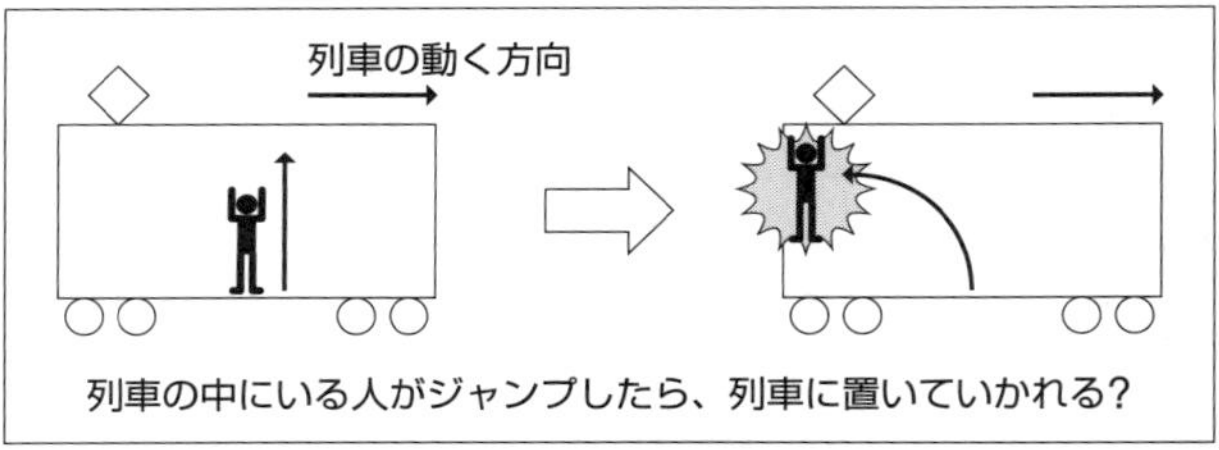

実際には元の位置に着地する。これを列車の外にいる人から見ると以下のように放物線を描いて飛んでいるように見える。

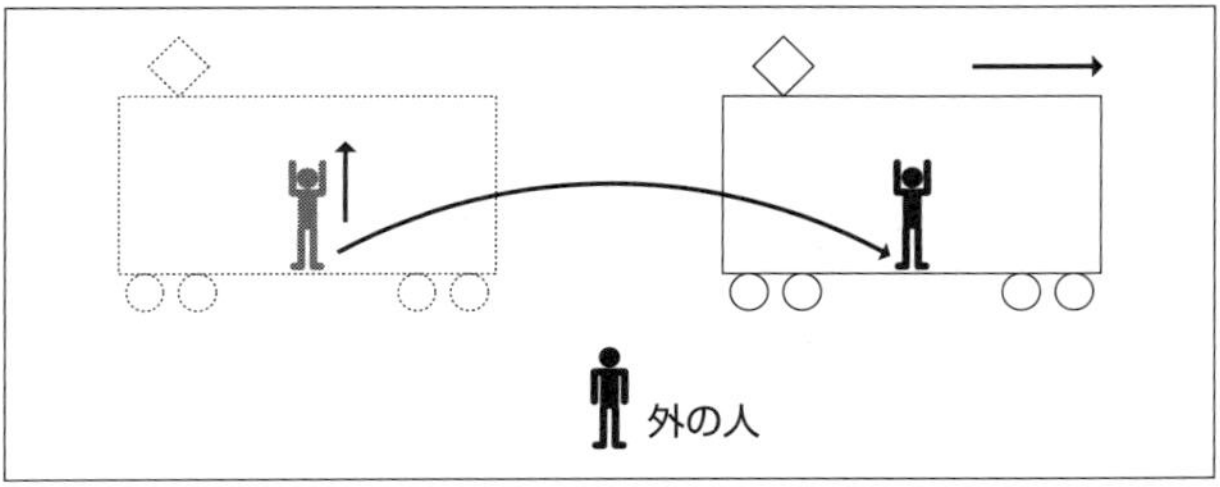

(b) 列車の中の人と外から見ている人のすれちがい

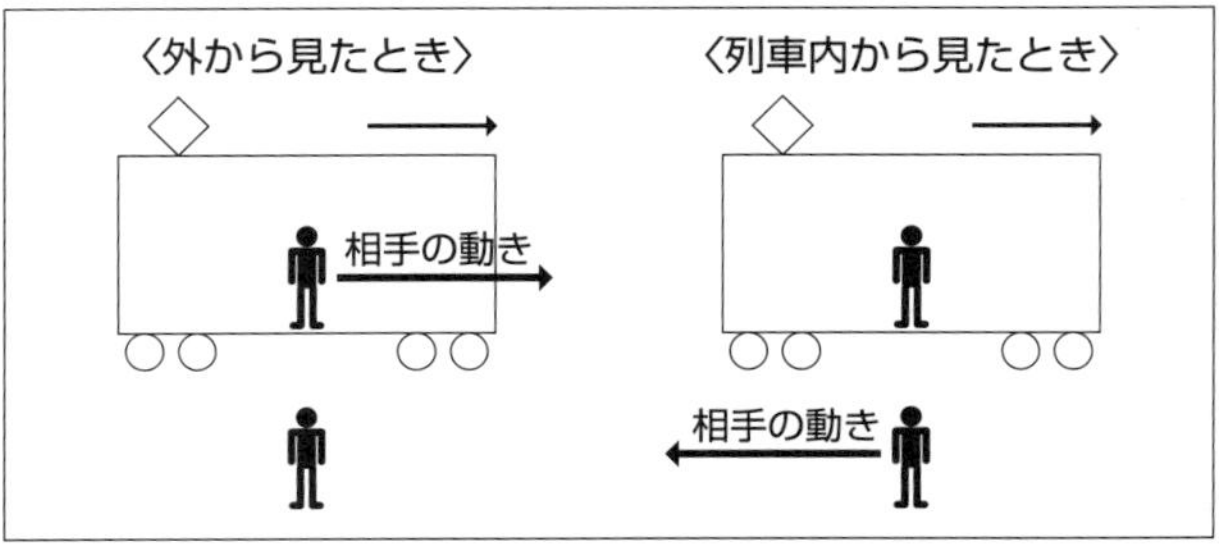

同じすれちがいという現象でも、列車の外の人から見た相手の動きと列車の中から見た相手の動きは向きが逆になっている。

2人にとっては互いに見え方がまったく違うのである。

私たちが静止していると考えていても、地球の外から見れば、地表面も、まるでコマが回っているかのように回転して見えるはずだ。

このように見る立場により、運動のしかたが違って見える現象を〝運動の相対性〟というのである。

自然界の中には絶対静止というような状態は存在せず、すべてがなんらかの運動をしている。力と運動の関係について研究する場合には、この観察の足場、つまり基準となる場所をどこに設定するのかがきわめて重要となる。

遠心力のおかげで地球は太陽に向かって〝落ちて〟いかない

ニュートンが力学の第1法則として定式化した、いわゆる慣性の法則によれば、外から力が加わらなければ、物体の運動の向きや速さは一定に保たれたままである。先に述べたように、地表は西から東に向かって毎秒280メートル超の速さで動いているが、私たち人間も、周りの物も同時に同じ速さで動いていることから、相対的にその速度を実感することはできないのであった。

しかし、実際には地球は球状をしているので、大きなスケールで眺めれば地球はその自転軸を中心に回転している。もし方向が変わらないとしたら、私たちは地表から飛ばされてしまうと考えられるがそうはなっていない。

つまり、地表に乗っている私たちの運動の向きを変えるような強制力が働いていると考えられる。これが万有引力（重力）であり、そのおかげで、私たちは地上にいつづけることができるのである。

このように、重力によって運動の向きを変えられるという現象を、私たちの観点から見ると、その強制力に抗《あらが》うように慣性運動を続けようとする〝みかけの力〟を感じる。これが「遠心力」である。

この遠心力を私たちがよく体験できるのは、例えば電車やバスで立っていてカーブに差し掛かったときなどである。電車やバスが曲がっていくと、私たちはその方向とは逆の向きに倒れそうになる。

私たちが慣性運動を維持しようとするのに対し、無理やりに方向を変えられるので、その反作用としてこの遠心力というみかけの力が感じられる。〃みかけ〃というのは、遠心力という力が実際に私たちに働いているわけではないということである。つまり、外側に引っぱる力が働いているわけではないことに注意しなければならない。

先ほど述べた運動の相対性というのが、ここにも現われている。

ここで、太陽と地球との運動についての場合をとりあげてみよう。私たちは地球が太陽の周囲を公転していることを知識として知っているが、どのようにして地球の公転運動を明らかにすることができるのだろうか。

地球と太陽の運動は相対的なものだから、地球から見れば、「太陽が地球の周囲を回っている」といってもよいはずである。この場合、太陽は地球の公転速度と同じ速度で地球の周囲を回っていることになる。

もし、この宇宙に太陽と地球の2つの天体しかなければ、このように考えたとしても、太陽と地球の運動の扱いにおいては、何の障害もない。

だが、宇宙全体、すなわち太陽系の他の惑星たちや、その他の星々にまで観察を広げて、それらを同じ考え方で扱おうとしたときに、大きな問題が出てくる。

太陽と地球では、太陽の質量のほうが圧倒的に大きい。その結果、地球が太陽の周囲を回っていると必然的に考えられるのである。そうでなければ、太陽と地球の間に見られる相対的な運動を正しく扱ったとはいえないのだ。

力の働きを伝えるものは何か――アインシュタインの相対性理論とは

ニュートンが万有引力の法則を発見し、その数学的表現を正しく導いたときに、この力がいかなるメカニズムによって力を及ぼしあっている物体間で働くのかについて、当然考えるべきであったろう。

例えば、私たちがある物体を押したりするときには、力は手やその他の道具を接触させることで伝わる。では、地球と月のように空間的に非常に遠く（約38万キロメートル）離れた物体間に力が働くとき、その力の働きは何によって伝わるのであろうか。

だが、ニュートンはそれについて突きつめてたずねようとはしなかった。万有引力の法則が成り立っていれば、力学にかかわる多くの問題や、太陽と地球、その他の惑星との関係について、正しく解き明かすことができたからである。

この問題が解かれるためには、「一般相対性理論」と呼ばれる理論が創造されなければならなかった。この研究を成し遂げたのが、アインシュタインという天才であった。この一般相対性理論とはいかなる理論なのだろうか。簡単に説明してみよう。

そもそも一般相対性理論について話を進める前に、〝一般〟という呼び方をするからには、〝特殊〟相対性理論と呼ぶものがあるのではないかと考えられる方がいるのではないだろうか？　そうなのである。アインシュタインがまず取りあげたのも、この特殊相対論のほうであった。

この特殊相対論は、光の速さに関して研究されたものだった。

光の速さは、毎秒約30万キロメートルとされる。では、光源（例えば懐中電灯など）が運動しているときに、それから発射された光の速さはどうなるのであろうか。

ここで、先に見たのと似た列車の中にいる人の運動について、次のような問題を考えてみよう。

ある人が新幹線に乗って仕事先に向かっている。長時間座りつづけたので、新幹線が直線に差し掛かったところで立って、（車内が空いていることを確かめて）通路を小走りに行ったりきたりする運動をした。

この様子をたまたま車外から見ていた人がいた。彼は次のようなことを考えた。列車の進行方向に車内の人が進んでいくとき、車内の人の進む速度は、自分から見ていくらになるだろうか。また、進行方向とは逆に走っているときには、やはり自分から見ての速度はどうなるのだろうか。

これは単純で、外の人から見たみかけの速度は、車内の人が進行方向に走っているときは、列車の速度と、この人の走る速度を足した大きさになり、一方、進行方向と逆のときは、列車の速さから車内の人の走る速さを差し引いたものとなることは、すぐにわかるだろう（図11ａ）。

逆に、車内で走る人から、車外の人はどのように見えるだろうか。

車内の人が進行方向に走っているときは、列車の速度と走る速度を加えた速さで、車外の人は列車から遠ざかっていくように見えるだろう。進行方向と逆に走っているときは、列車の速度から走る速度を差し引いた速さで遠ざかっていくことになる。

つまり、車内の人から見た場合と、車外の人から見た場合では、向きが逆になっているだけで、みかけの速さはまったく同じになっていることがわかる。

ここでさらに、次のような例を考えてみる。この車内の人が懐中電灯を手にして、列車の進む向きに点灯して光を発射した。このときの光の速さはどうなるだろうか。

先ほどと同様のことが成り立つとすれば、今度は光の速さが車内の人の走る速さに当たるのだから、車外の人から見た光の速さは、通常の光速に列車の速度を加えたものになるはずである。

ところが、観測してみると光の速さは列車の速さとはまったく関係なく一定であり、列車の進行方向と逆向きに光を発射した場合にも同じであった。列車の速度とは関係なく、光の速さは通常と同じ毎秒ほぼ30万キロメートルだったのである（図11b）。光源の速さが一定で、向きが変わらないかぎり、光の速度は一定であることがわかった。

なぜ、同じ自然界においてこのようなことが成り立っているのだろうか。光の速さというのが特別な物理量なのであろうか。この光速度不変を基本原理として作りあげられた、互いに相対的に運動する場合に成り立つ理論が、特殊相対論なのである。

この理論によれば、空間や時間を測る尺度は、それらを測る人の運動のしかたによって

図11　光の速さは変わらない

(a) 列車内を動く人の速さ

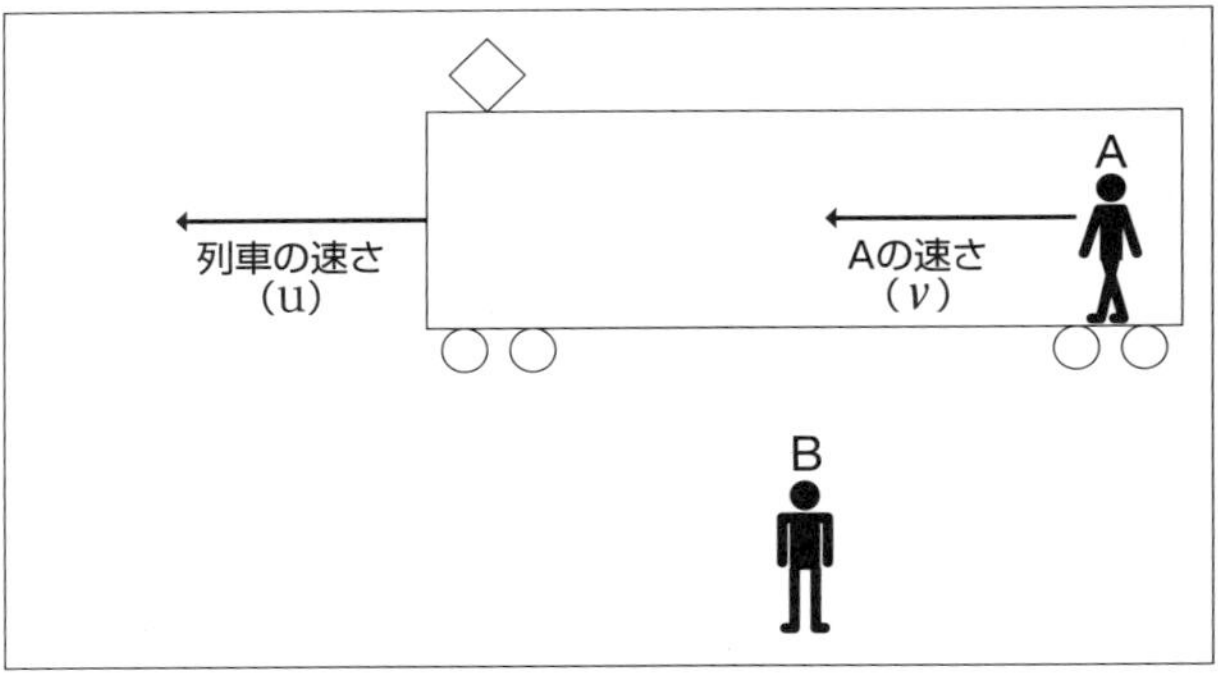

車外の人Bにとって、車内の人Aの速さは
(列車の速さ)＋(Aの速さ)＝ $u+v$
として見える。

(b) 列車内の光の速さ

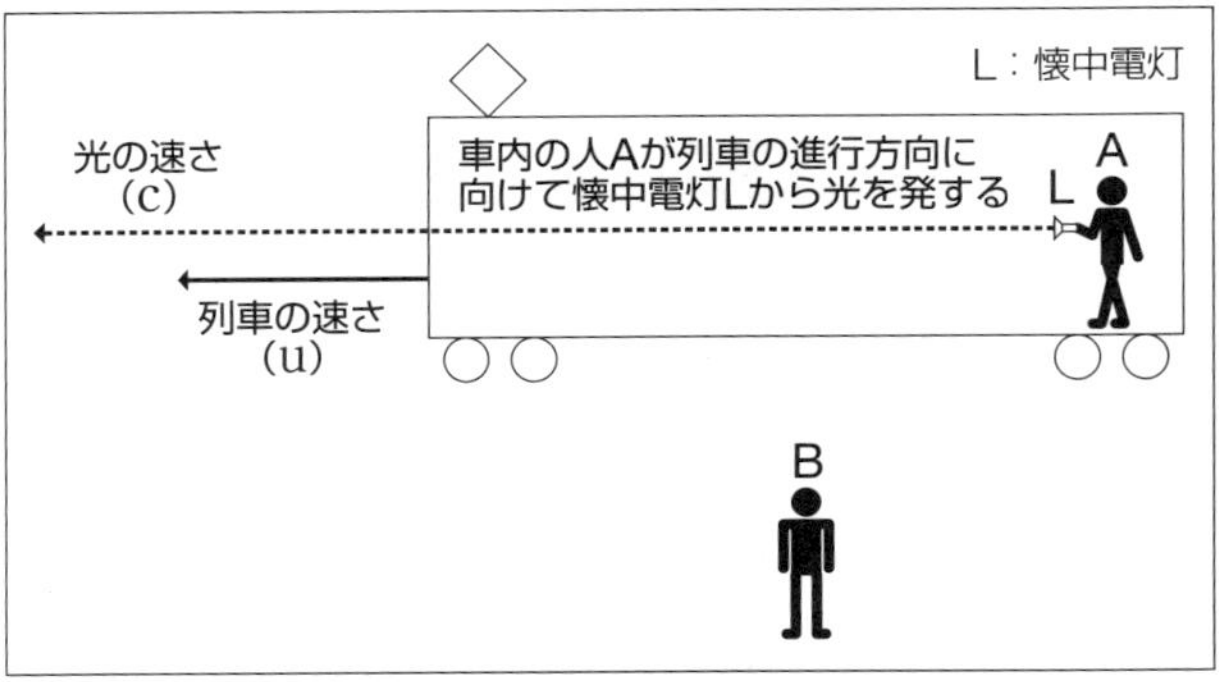

車外の人Bに見える懐中電灯Lの光の速さは
(光の速さ)＋(列車の速さ)＝ $c+u$
とはならず、列車の速度に関係なく、常に c と変わらない。

変わってくることを意味していた。光速度が一定不変なのであるから、一定の速度で運動する物体は、運動の向きに押し縮められるかのように見えなければ、光速度は一定には見えないはずであった。

その結果、先ほどの新幹線の例でいえば、車外の人が持っている時計と車内の人が持っている時計では、進み方が異なる（車内の人のほうが遅くなる）という奇妙なことが起こるのである。

アインシュタインによって1905年に提出されたこの理論は、ニュートン力学の第1法則における慣性運動が成り立つ物体どうし、すなわち外から加速度が働いていないものについてのみ成り立つ。そのような制限を受けていることから、〝特殊〟と呼ばれるのである。

そのため、この特殊相対性理論は、加速度を生じる場合には成り立たない。重力は常に加速度を生じるものであるから、重力の働く世界では特殊相対論は成り立たないことになる。

この重力や加速度が存在する場合にも成り立つようにしたのが一般相対性理論である。

図12　重力が光の速度を変える
——落下するエレベーターの中の光はどう見えるか

(a) エレベーターの中の人から見たとき

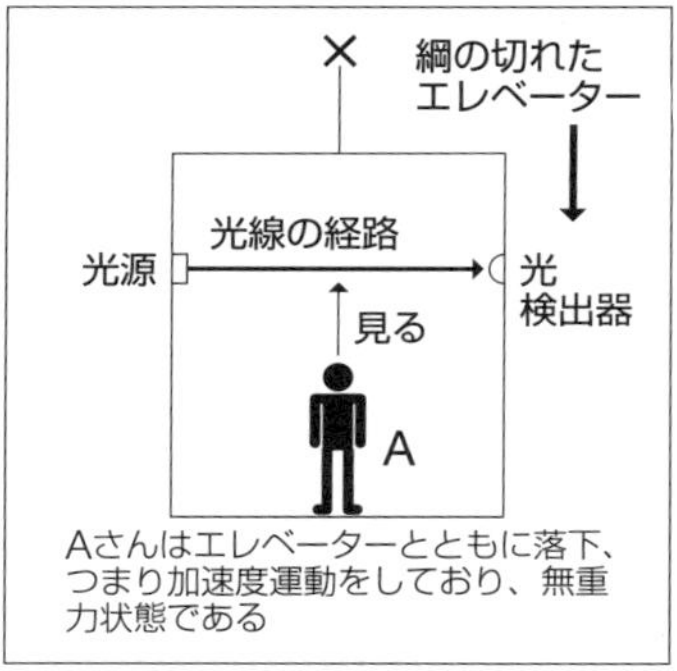

エレベーターが自然落下しているとき、エレベーター内部の左側の光源から発射された光の経路を見る。このとき、エレベーター内のAさんから見た光は直線的に進む。

(b) エレベーターの外の人から見たとき

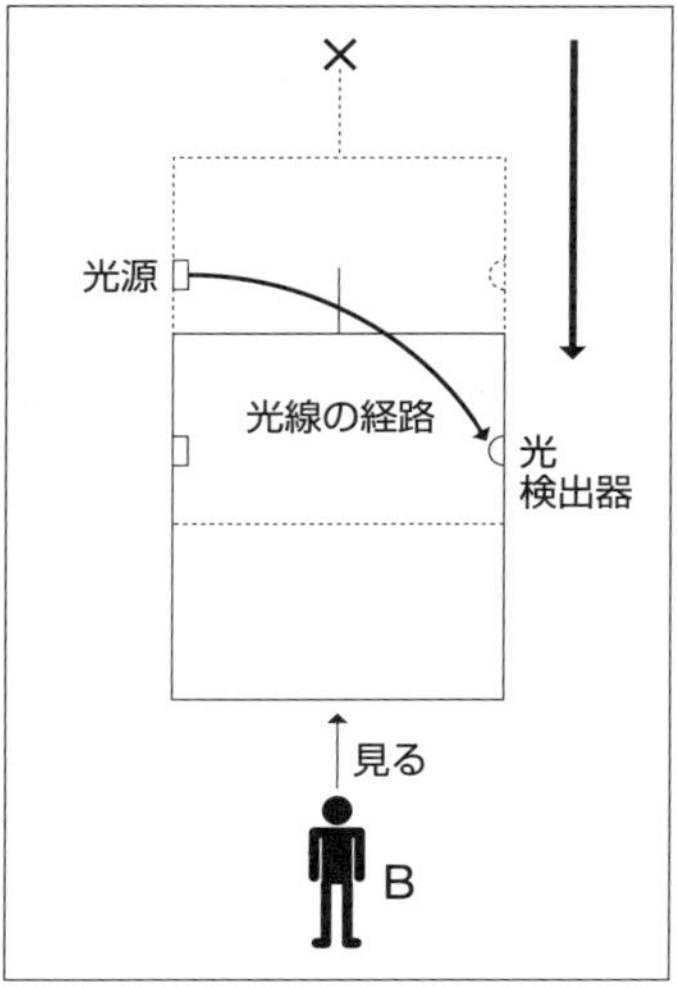

エレベーター外部にいるBさんから同様の光を見たとき、その経路は重力の働きにより、曲線になっている。このことから、重力によって光の速さが変わる（別の表現をすれば、時間の進み方が変わる）ことがわかる。つまり、重力によって時空が歪むのである。

この理論を作りあげるのに、アインシュタインは10年あまりを費《つい》やしたのであった。では、加速度が働く場合の例を1つ挙げて眺めてみよう。

あるエレベーターに人が乗っており、向かって左側の壁に光源が設置してある。このエレベーターが下に向かって運動を始めたときに、何らかの原因で箱をつるしている綱が切れてしまったとする（図12）。

すると、エレベーターは自然落下の状態となるから、乗っている人は地球からの重力を感じられなくなる。すなわち、この人は無重力の世界にいることになる。

このとき、左側の光源から光を発射すると、エレベーター内の人には、光は直線的に右側の壁に届くことが観察される。いわゆる慣性運動である。

だが、外から見ている人には、光は右側の壁に向かいながら曲線を描いて落ちていくように見える。右側に行くほど、曲線の曲がり方は急になっている。重力の強さが落下とともに大きくなるので、光の速さが遅くなっていくからである。

重力の働きは光の伝わる道筋を変えてしまう。光の進む向きが曲がり、その結果、右の壁に届くまでに直線的に進むときよりも長く時間がかかることになる。重力の働きが光の速さを遅くしてしまうのである。このようにして、重力の働きは光の進む向きだけでなく、速さまで変えてしまうことが証明されたのである。

この一般相対論から導かれる結論に、重力はどのようにして生じるのか、あるいは重力の働きはどのようにして伝わるのかといった、ニュートンが不問に付した問題への解答がある。

例えば、ブラックホールと呼ばれる天体があることについては、多くの方が知っているだろう。この天体は周囲に強力な重力を生みだし、そこでは光の速さが遅くなり、この重力の働きにより光が外側へと伝わらなくなってしまうのである。そのため、私たちからは見ることができず、暗黒の天体、すなわちブラックホールと呼ばれるのである。

このように万有引力（重力）は空間を通して瞬時に伝わるのではなく、光の速さで伝わることがアインシュタインによって明らかにされた。

現在では、素粒子物理学によって、この重力を伝える粒子の存在が理論的に予測されているが、今までのところその存在を観測により実証することはできていないのである。

第4章

さまざまな姿を持つ「エネルギー」とは

エネルギーは姿を変える

「あの人はエネルギッシュだ」といった表現を、私たちは日常生活の中でよく使うことであろう。

こうした表現を使うのは、その人が何かをする能力やパワーを潜在的に持っており、この能力やパワーが発揮されたとき、何らかの仕事（work）や事業が達せられるということを暗黙の内に想定しているからではないだろうか。

これと似て、実は物理学でも、潜在的に何らかの仕事を行なうことのできる能力を、「エネルギー（Energy）」という物理量で表現している。

例えば、ガリレオの話で出た物体の自然落下という現象について眺めてみよう。

ある高さの所に保持していた物体を静かに離すと、地面に向かって落下していく。このとき、この高さ、つまり物体の位置が、自然落下を引き起こす潜在的な能力を持っていると考えるのである。

物体は落下するにしたがって、ガリレオが明らかにしたように、重力の働きによって加速されて落下速度が大きくなる。また、このとき物体を置いた最初の位置が高ければ、それだけ地面に届くときの速度は大きくなるのである。

このことは、物体をある高さの所に置くことは、こうした落下運動を生みだす能力をこの物体に与えていると見なすことができる。つまり、「高さ」がこうした速さを生みだす能力を持っているのだということになる。

物理学では、この能力を「エネルギー」と表現している。この例の場合は、「高さ」という位置を示すものであることから、「位置エネルギー」があるという。この位置エネルギーが落下という「運動エネルギー」に変えられながら、自然落下運動が起こることになる。

さて、落下して地面に落ちたこの物体は、もはや運動をしていない。では、位置エネルギーから変わった運動エネルギーはどこへ行ってしまったのだろうか。

実は、物体が地面に到達した際に、この運動エネルギーは地面を温めたり、地面の上にある小石や土を跳ね飛ばしたりするのに使われたのである。つまり、この物体のエネルギーは、地面を温める熱エネルギーや小石を跳ね飛ばす運動エネルギーに再び変わっていったことを示している。

このように、エネルギーはいろいろな形に姿を変えていくのである。

物の位置にもエネルギーがある

地球から地面付近に働く万有引力（重力）を考えてみよう。

例えば、地上30メートルの高さに置いたリンゴ1個にどれだけの大きさの力がかかっているだろうか。リンゴの質量を200グラム（0・2キログラム）として、ニュートンによる力学の第2法則から、高さ30メートルを無視して、地面付近の加速度を用いると、簡単な掛け算で、

$0.2 \times 9.8 = 1.96$ (kg m/s^2)

となる（ここでは重力加速度を9・8としている）。

この力により、リンゴは地球に向かう力の働きを受ける。この力の大きさを測る単位はニュートン（N）と呼ばれている。このように、物理量の単位にはその分野で大きな業績を挙げた人の名をつけることが多い。

今、30メートルの高さからこのリンゴを離すのだから、離してから1秒後には、毎秒

９・８メートル（m/s）の速さがリンゴには生じている。30メートルの高さにあったリンゴは、

$0.2 \times 9.8 \times 30 = 58.8$（$kg\ m^2/s^2$）

の位置エネルギーを持っており、これが運動のエネルギーに変わることになる。その結果として、リンゴは加速されながら地面に向けて落下していくのである。このエネルギーの単位は、ジュール〔J〕と呼ばれているが、これも熱理論の研究に大きな業績を挙げた人の名を採用したものである。

この落下に当たっての運動エネルギーを、グラフに描き出す工夫をすることはできないだろうか？（図13ａ）

落下速度は１秒ごとに９・８メートルずつ増加するから、その結果をグラフに表わすことができる。落下距離は速さが０からスタートするので、３秒後には$9.8 \times 3^2/2$（m）となるはずだから、30メートルの高さからの落下では２秒そこそこで地面にまで届いてしまうことがわかる。このように、運動エネルギーと位置エネルギーは相互に入れ替わることが示されるのである。

しかしながら、両エネルギーの総和は増減することなく一定となっている。このことは、位置エネルギーと運動エネルギーの総和が一定不変であることを示しており、これが「力学的エネルギー保存則」と呼ばれるものである（図13b）。このことは計算によっても確かめられる。

では、ボールを上に投げ上げる運動ではどうだろうか。

真上に投げ上げられたボールはある高さの所まで行って、その後に落下しはじめる。投げ上げたときにボールの持っていた運動エネルギーは、一番高い所（頂点）で、すべて位置エネルギーに変わり、その後、落下しはじめると再びこの位置エネルギーが運動エネルギーに変換されていくのである。

この間、位置エネルギーと運動エネルギーの総和は、先に見たように常に一定となっている。こうした1つの物理的な過程において全エネルギーは新たに生まれたり、増加したり、減少したりすることなく、常に一定に保たれているのである。

図13　位置エネルギーが運動エネルギーに変わる

(a) 自然落下の落下距離

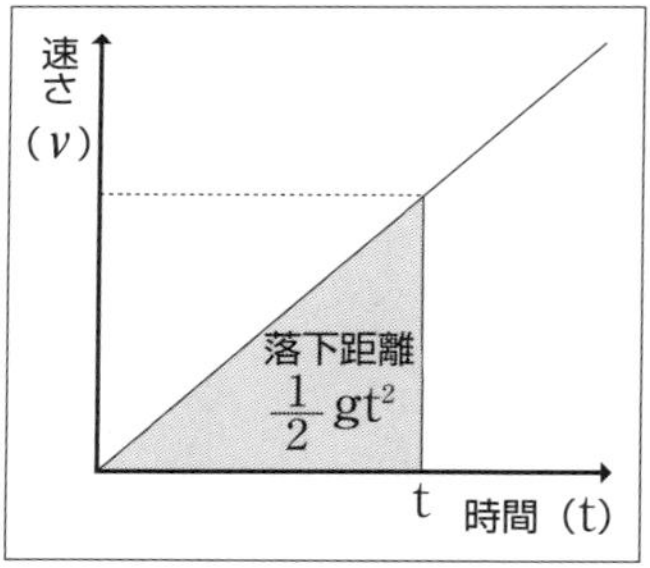

t秒後の速さ(ν)は

$$\nu = gt$$

(gは重力加速度$=9.8m/s^2$)
で表わせる。
t秒後の落下距離は
図の三角形の面積で表わされ、

$$\frac{t \times gt}{2} = \frac{1}{2}gt^2$$

と計算できる。

(b) 力学的エネルギー保存則

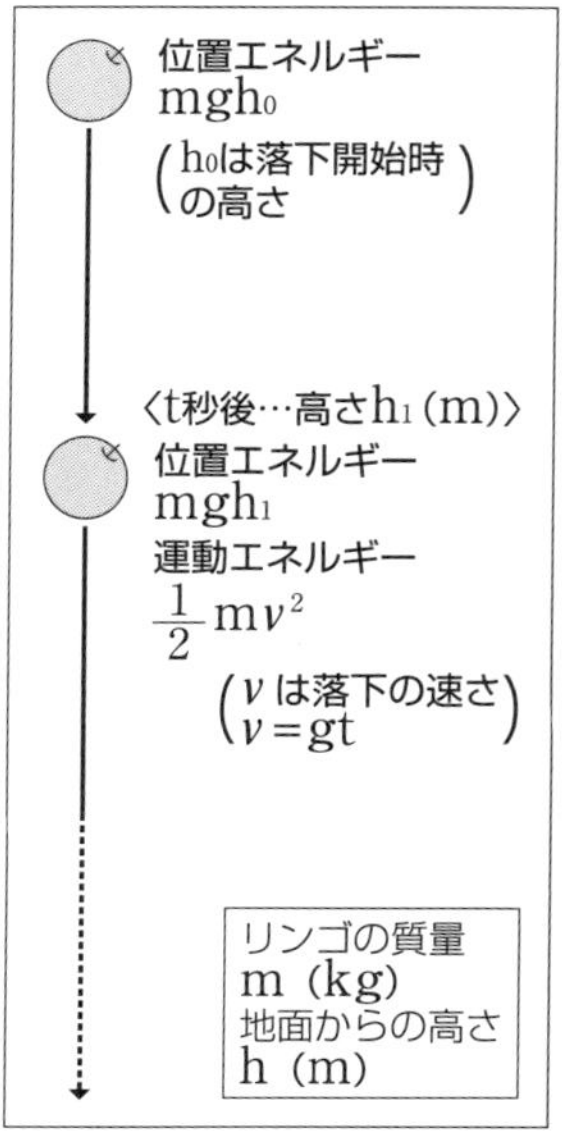

落下開始時と
t秒後の位置エネルギーの差

$$mg(h_0 - h_1) = mg \times \frac{1}{2}gt^2$$

(a)より

$$= \frac{1}{2}m(gt^2)$$

となり、t秒後の運動エネルギー

$$\frac{1}{2}m\nu^2 = \frac{1}{2}m(gt^2)$$

と等しいことがわかる。

運動エネルギーは熱エネルギーに変わる

先ほど、自然落下したリンゴが地面に落ちた際にリンゴの持つ運動エネルギーは、地面を温める熱エネルギーや小石を跳ね飛ばす運動エネルギーに変わると述べた。

ここで、地面にある小石などを跳ね飛ばすことがなかったと仮定すると、落下による運動エネルギーのすべてが熱エネルギーに変わったといってよいことになる。

しかし、熱がエネルギーであるというのは、なかなか実感しがたいことである。

本当に運動エネルギーが熱エネルギーに変わるのだとしたら、このことを実験により確かめるにはどうしたらよいだろうか。

これについては、イギリスの物理学者ジュール（J. P. Joule／1818～1889）が試みた巧妙な実験がある。この実験は次のようなものである（図14）。

水で満たした容器に、羽根車のついた回転する棒を浸し、その棒の上部に糸を巻きつけて、その先におもりをつけておく。そうして自由に回転する輪に糸をかけて、そのおもりを自由落下させると、糸がほぐれながらおもりが落下し、水中の羽根車が水をかきまわす。その結果、水の温度が上がるので、それを温度計で測定する。

図14　ジュールによる熱エネルギーの実験

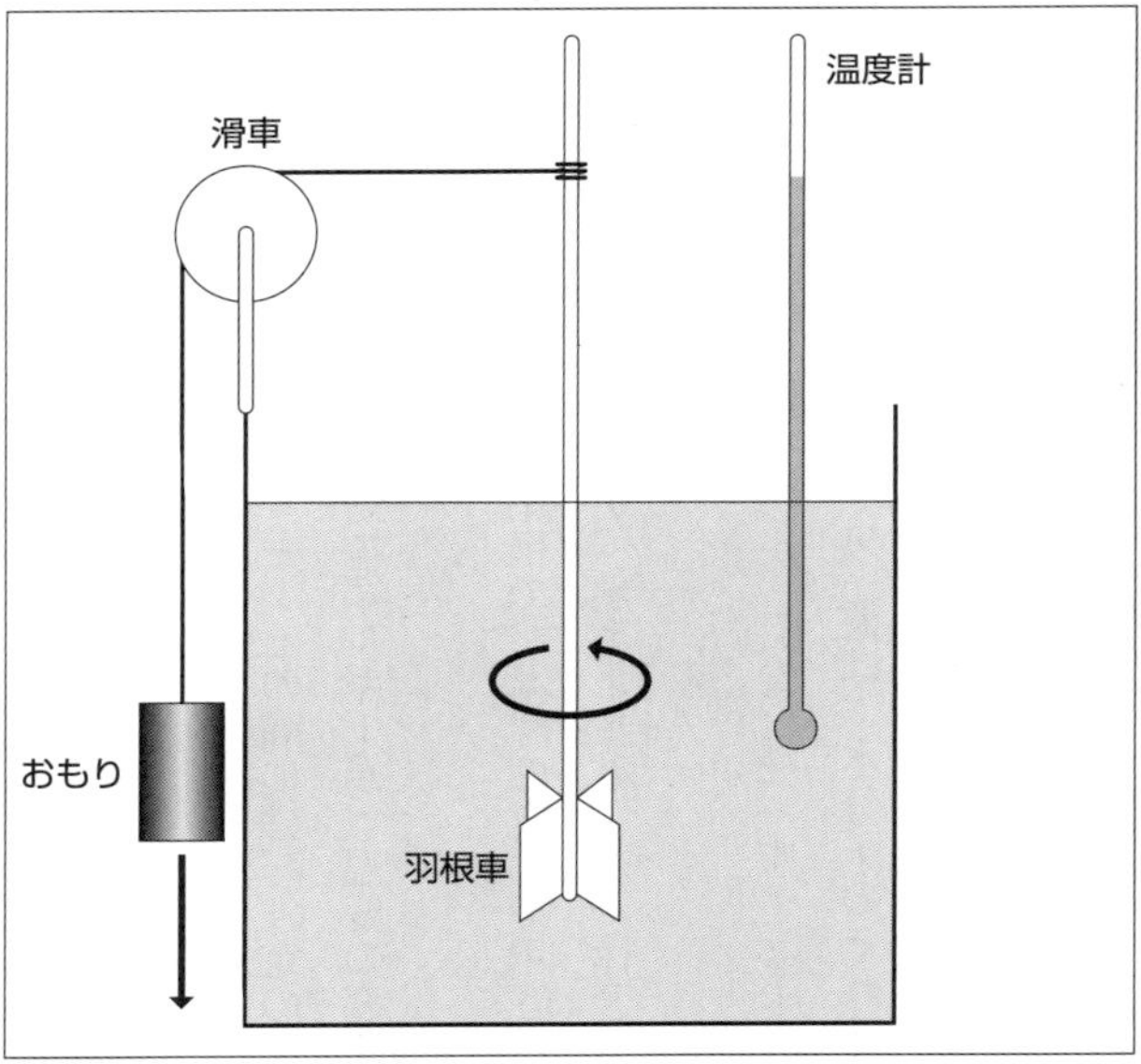

ジュールの作った実験装置。おもりを落下させると、羽根車が回転し、水をかきまぜる。その結果、ジュールは羽根車の回転運動と水温の上昇との間に一定の関係があることを発見した。これによって、熱もエネルギーの一種であることがわかった。

おもりが落下した距離が位置エネルギーの変化を表わし、それが羽根車の回転という運動エネルギーに変わっていく。その運動エネルギーは水の温度変化によって測れるのである。

このとき、温度の変化量と運動エネルギーとの間には、一定の関係があることをジュールは示したのであった。すなわち、運動エネルギーが、温度の変化で示される熱量で表示できることを証明したのである。

このように運動エネルギーが、ある比率で、温度の変化で示される熱エネルギーに変わりうることをこの実験は証明したのだが、熱エネルギーが一体どういうものなのかについては、不明のままだった。

この熱エネルギーの本質を解き明かしたのは、オーストリアのボルツマン（L. Boltzmann／1844～1906）である。彼は、水分子のそれぞれが温度に応じた運動エネルギーを持っていること、そして水分子全体について平均すると、水分子の運動エネルギーがその温度に比例することを示したのである。

この温度は「絶対温度（absolute temperature）」と呼ばれるもので、イギリスのケルビン（Lord Kelvin・本名はW・トムソンという／1824～1907）が初めて導いた。絶対温度は彼の名をとった単位ケルビン（K）で表わされ、この絶対温度が0ケルビンのとき、水の運動エネルギーが0となる。そのため、この温度にはマイナスはない。

日本で通常使うセ氏（℃）で表わすと0ケルビンがセ氏マイナス273度となり、セ氏20度は293ケルビンとなる。

水分子各々の持つ運動エネルギーの平均が、この絶対温度に比例しており、その比例定数は「ボルツマン定数」と呼ばれている。

ボルツマンは、絶対温度を（T）、ボルツマン定数を（k）で表わしたとき、水分子1個の平均の運動エネルギーは3/2kTとなることを実験で確かめた。平均的に見れば、水分子の運動は、上下・左右・前後の三方向に対して平等に起こっているので、一方向については、その3分の1、すなわち1/2kTの熱エネルギーが、水分子1個に与えられているのである。ボルツマン定数（k）の大きさは、1.38×10^{-23}（J/K）ときわめて小さい。

これまでは水の例で見てきたが、ある容器にためられた空気の温度を測ったとき、セ氏20度だったとしたら、この空気分子の1個1個は、

(3/2) × (293) × k

の運動エネルギーを持つのである。このように、分子がある温度を作りだすように運動していることを「熱運動」と呼んでいる。この熱運動のエネルギーは、通常、温度というマクロな物理量を用いて表わされるが、この温度を作りだしているのは、実は個々の分子の熱運動のエネルギーの平均値なのである。

ここにおいて、ミクロな世界とマクロな人間尺度の世界とのつながりが見られるのである。

私たちは身体の具合が悪くなると「熱を出す」、つまり体温が上昇するが、この高熱の正体は、私たちの身体を作るいろいろなタンパク質や脂質その他の分子の熱運動エネルギーが増加していることによるものである。

人類を含めてすべてのけもの類や鳥類の体温はほぼ一定しており、大体セ氏37度(体内での温度)であることがわかっている。手先や足先では周囲の空気に触れているのでこれより1度ほど低くなっている。動物たちの体温がほぼ同じだということは、これらの生物においては、生理機構が共通していることと関係があるのであろう。

熱エネルギーこそが時間の進みを決めている？

ここであらためて、温度を測るとはどういうことなのかを考えてみよう。

気温を測るために、私たちは温度計を空気中に置いておくわけだが、このとき何が起きているのかというと、大気中の分子（大部分が窒素と酸素の両分子から成る）が、頻繁にガラス管に衝突しては跳ね返されている（図15ａ）。

その際、大気中の分子は、ガラスの分子、さらには中の水銀分子にごくわずかだがエネルギーを与える。このことは、水銀分子が少しずつエネルギーを与えられて、温度が上がっていくことを意味する。このように衝突したときに運動エネルギーの授受が行なわれるものを「非弾性衝突」と呼ぶ。

やがて、水銀分子の持つ熱運動のエネルギーと、衝突してくる窒素や酸素の分子群の熱運動のエネルギーが同じ大きさになったとき、このエネルギーのやりとりが終わり、釣り合った状態となる。温度が上がった水銀は膨張し（体積が大きくなり）、その上昇分を目盛りに示すことで温度を測っているのである。

セ氏（℃）という温度は、１気圧（１０１３ヘクトパスカル［hPa］）の大気中に置いた水の融点（氷が水になる温度）を０度、沸点（水が沸騰する温度）を１００度として、その間を等間隔に区切ったものである。

いいかえれば、温度計とは、管の中の水銀分子の熱運動のエネルギー、つまり熱エネルギーの大きさを測っているのである。

熱エネルギーに関わる現象について、１つだけ補足して説明しておきたいことがある。それは熱エネルギーの伝わり方が、時間の進む向きを決めているのではないかと考えざるをえないように感じられるということである。

沸き立った熱い水（湯）を入れた容器を放っておくと、だんだんと冷えてきて、時間が経てば周囲の空気の温度と同じになってしまい、それ以上にこの水の温度が下がることはない。

熱いお湯のときは、水分子が激しく熱運動をしているが、その運動は冷えるにしたがって弱まっていく。周囲の空気と水の温度が同じになると、空気を作る分子と水分子のそれぞれが持つ平均の熱運動のエネルギー、つまり熱エネルギーの大きさは等しくなるのである。

図15　熱が伝わるメカニズム

(a) 水銀温度計

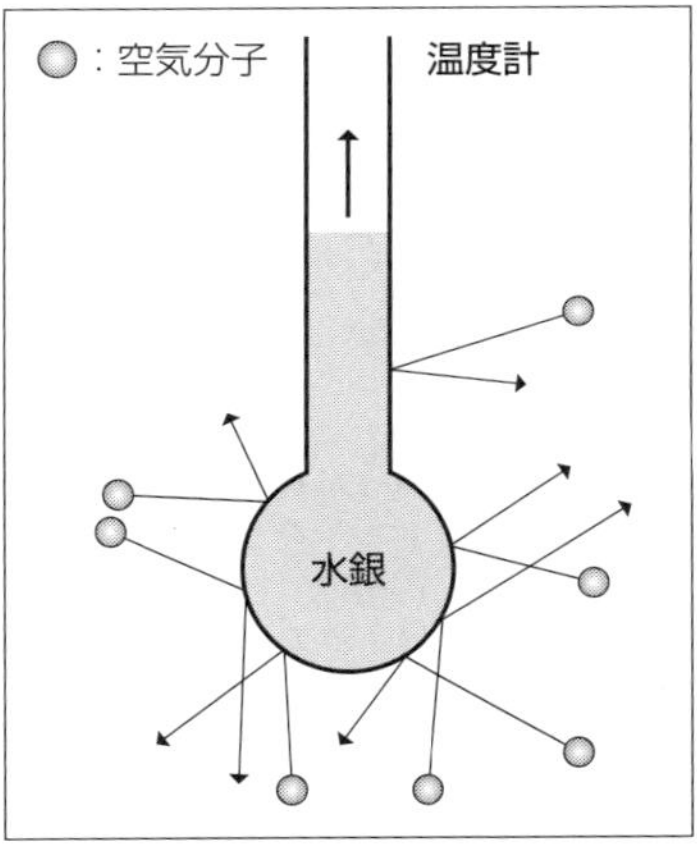

- 空気分子が温度計のガラス管に衝突することで、エネルギーを水銀分子に与える。
- エネルギーを与えられた水銀分子は動きが活発になり、温度が上がる。温度が上がると水銀が膨張し、目盛が上昇する。

(b)「熱平衡」の状態

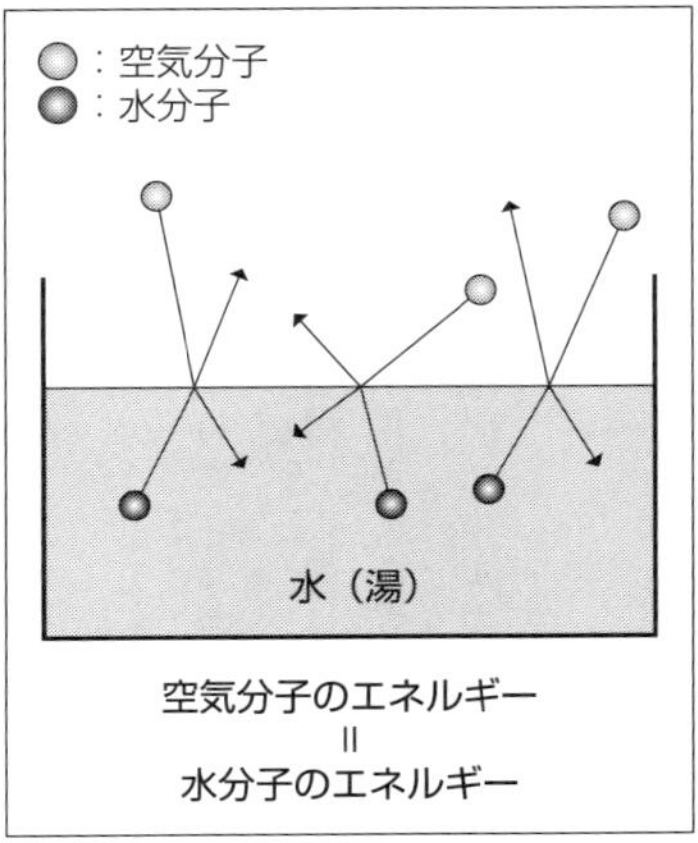

- 温度の高い水の水分子は空気分子と衝突するたびに、空気分子に少しエネルギーを与える。その分だけ水分子からはエネルギーが失われ、温度が下がっていく。
- これが繰り返されて、空気分子と水分子の熱運動エネルギーが平均して同じになったところで「熱平衡」となる。

では、どのように、水分子の熱エネルギーが空気分子に伝えられるのであろうか。

水と空気が接する水面付近では、当然のことだが、あたたかい湯の水分子が持つ熱エネルギーは空気分子のそれより大きい。空気分子が水面に当たると、よりエネルギーを持った水分子から、わずかではあるがエネルギーを受け取り、跳ね飛ばされることになる。

このような過程を繰り返すことにより、空気分子は水分子からエネルギーを受け取り、逆に水分子は空気分子に与えた分だけ、エネルギーを失うことになる。エネルギーを失うということは、温度が下がっていくということである。

こうして、水分子と空気分子の衝突による熱エネルギーのやりとりが行なわれ、両者の持つエネルギーが全体を平均して同じになったところで、これ以上水の温度が下がることはなくなるのである。

このように、熱エネルギーという観点から見て、水分子と空気分子が平均して同じになっている場合のことを、熱的な釣り合いという意味で、「熱平衡《ねつへいこう》」の状態にあるという(図15b)。

一方で、冷えた水の温度が再び勝手に上がりだすといったことは起こらないことは、誰もが経験上知っている。水分子から空気分子に与えられた熱エネルギーが、容器の水の中に再び戻ることはないからである。

一体なぜこのようになっているのだろうか。

このような熱エネルギーの移動に関わった現象は、二度と再び元の状態に戻らないという意味をこめて「非可逆過程」と呼ばれる。多少の違いはあるものの、自然の中で起こる現象はすべて熱エネルギーが関わっているので、非可逆なのである。

例えば、ボールを投げれば、ボールと空気分子との衝突が摩擦熱を発生させ、そのことによりボールはごくわずかだが運動エネルギーを失う。こうした現象も反対のことが起こることはありえない。

自然現象はどんなものであれ、空間中で、時間の経過にともなって起こるものだから、熱エネルギーの発生とその移動が関わった現象はすべて、非可逆な過程なのである。すなわち、時間の進む向きと、熱エネルギーの移動の過程は一致する。逆に考えれば、熱エネルギーの移動の向きこそが、時間が一方向的に進むことを決定してしまうのだということができる。このことは、宇宙の進化も、一方向に起こっていることを強く示唆《しさ》している。

エネルギー保存の法則

今まで見てきたことから、位置エネルギーが運動エネルギーに変換されること、またその逆も起こることがわかったが、その際、これらのエネルギーの総和は常に一定に保存される。運動エネルギーが熱エネルギーに変わっても、やはりそのエネルギー量は保存される。これが「エネルギー保存の法則」と呼ばれるものである。

これまでに、私たちはエネルギーにはいくつかの種類があることを学んだ。それらは、位置エネルギー、運動エネルギー、熱エネルギーであった。

ニュートンの力学に関する3法則によれば、力がある物体に作用し運動を生じるのだから、力は運動エネルギーを作りだすことになる。実際、地表付近におけるリンゴの自然落下運動は、地球からの万有引力（重力）が、リンゴに地面に向かって落ちていく運動を生じさせる加速度を生みだし、これによって運動エネルギーが生まれるのである。

だが、このエネルギーは、リンゴが最初にあった場所の高さによる位置エネルギーからもたらされたもので、リンゴが地面に達するまでの運動中には、位置エネルギーの減少分が運動エネルギーになっており、これら2つのエネルギーの和は、リンゴが最初の位置に

図16　運動エネルギーの保存

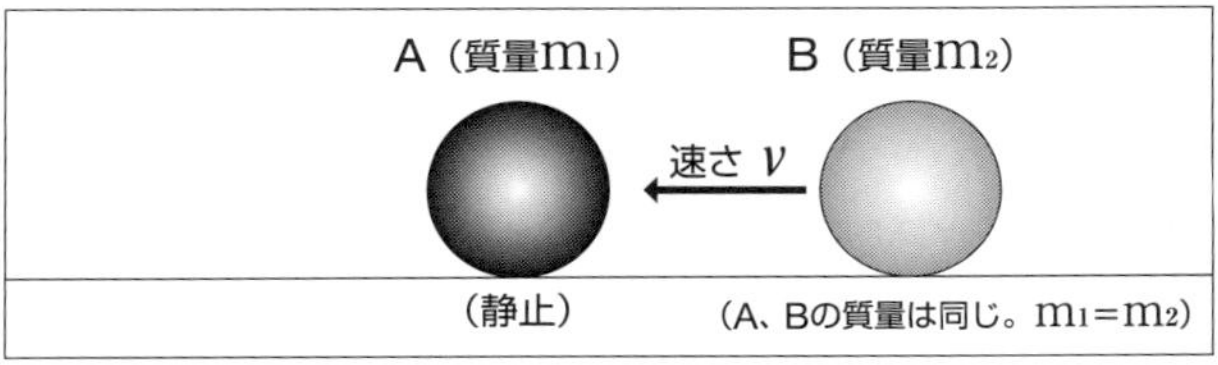

球Aに球Bが速さvで衝突する。AとBの質量は同じ。

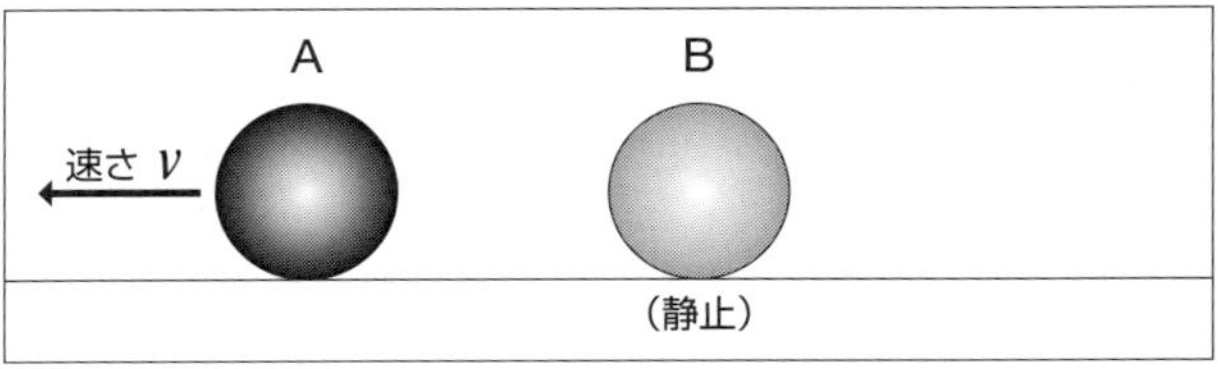

2つの球が衝突すると、球Bは静止し、球Aが速さvで動きだす。

あったときに持っていた位置エネルギーに等しい。

エネルギーの質が変わっても、その総和は常に一定になるように保存されているのである。

ここで、水平で滑らかな平面の上に、質量が同じ2つの球があったとしよう。この平面には摩擦による抵抗がなく、球は完全な弾性体（衝突しても互いに変形しない）だとして、次のような問題を考えてみたい。

静止した状態にある球Aに、もう1つの球Bが運動してきて正面衝突したとする（図16）。同じ質量なので、ぶつかってきた球Bは、もう1つの球を跳ね飛ばしたあと、静止してしまう。一方、ぶつかられた球Aは運動を始める。

この例では、完全な弾性体であり衝突によるへこみは生じないし、摩擦がないと仮定しているので、球Aの運動は、当初の球Bがしていた運動と同じ速さとなっているはずである。この2球の衝突では、運動エネルギーは保存されているのである。

今、摩擦がないと仮定したが、摩擦は球を作る物質分子の運動によって生じることが示されているから、摩擦は球を作っている物質分子の一部に熱運動を生じさせるのである。したがって、完全に弾性的でない衝突の場合でもエネルギーは保存されており、一部が熱運動エネルギーに変化したことを示しているのである。

このようなわけで、質量のある物は、静止状態にあればずっと静止を続けるものであり、逆にもし運動をしていれば、その運動を妨げる力が働かないかぎり、その運動を一定に維持しつづけるはずだということがわかるだろう。

アインシュタインの「等価原理」――$E=mc^2$の意味

私が高校で学んでいた50年以上昔には、エネルギー保存の法則、すなわちエネルギーが不生不滅であることはすでに知られていた。また、さまざまな物理現象に関与する物質全体の質量も不変であるとする「質量保存の法則」というものもあった。

だが、星のエネルギー源となる熱核融合反応という過程では、物質が電磁放射に変わる、つまり物質がエネルギーに変換されることが明らかにされ、この質量保存の法則は成り立たないことがわかり、エネルギー保存の法則に統一されることになった。

物質の持つ質量とエネルギーとが、ある変換法則の下に同等であるということについては、１９０５年にアインシュタインが「質量とエネルギーの等価原理」と呼ばれる関係式を導いている。それが自然界の中で現実に成り立っていることが、後に明らかにされた。

例えば、水素の原子核４個が、順次融合されていき、ヘリウム核１個が作られたとき、このヘリウム核の質量は水素４個の質量を合わせた大きさに比べて、０・７パーセントだけ小さくなっている。この小さくなった分が外部に電磁放射（ガンマ線）として放射されるのだ。

では、この減った質量はどこにいったのだろうか。この場合では、失われた質量は、ヘリウム核を作る２個の陽子と２個の中性子とを結合させるエネルギーとなっているのである。
このような、アインシュタインによる「質量とエネルギーの等価原理」を式で表わしてみると、
$E=mc^2$ （Eはエネルギー、mは質量、cは光の速さを表わす）
となる。
この式から物質の質量（m）がすべてエネルギーに変換できたとすると（m＝0となると）、質量が1キログラムの物質では、エネルギーは光の速度の2乗、すなわち9×10の16乗（ジュール）となる。つまり、物質の消滅によって非常に大きなエネルギーを得られるということがわかる。
この原理を利用しているのが原子力発電であり、原子爆弾、水素爆弾なのである。これらの爆弾の破壊力のすごさは、このアインシュタインの等価原理の応用というわけである。
このような簡単な式で表わされる原理が、私たちの日常生活に利用されているのだということを心に銘記していただきたい。

第5章

物理学を見る手段

――光と眼のメカニズム

加速度を見極めたガリレオの「眼」

ガリレオは、自分の脈拍で時間を測り、一方で運動する球の位置を正確に測ることで、そこから加速度という物理量を発見した。

このように、物理現象の研究に当たっては、現象の変化や推移を正確に追いかけ、見たままの姿を私心を交えずに観察し、その結果に基づいて考えるのでなければならない。そのようにして初めて、その現象の本質をつかむことができるのである。

原始的だといえばそれまでだが、ガリレオは同じ現象について実験を何度も繰り返し、観察することによって現象の本質を見つけだしたのである。

実際、私たちの日常経験において、自転車で走ろうとしたらペダルに力を加えなければならないし、荷車を動かそうとしたら、前から引くか、後ろから押すかしなければならない。

このとき、私たちの実感としては、「力を加えれば動く」ということだけで、「加速度が生じたから」だとは考えないのではないか。だからこそ、古代ギリシャ時代のアリストテレスが「力を加えると速さが生じる」と言ったことを、ガリレオが打ち破るまで誰も疑問としなかったのである。

今では、自動車を動かすときのペダルは、「アクセル」と呼ばれるが、これは「accelerator（加速器）」の略称であることからも、車の発進のためにはまず加速度が生じることが理解されていることがわかる。

このように現象の本質を見極めたガリレオの観察だが、その観察のための道具は、当然のことながら彼の眼であった。ということは、観察において彼が光、つまり可視光を利用していたということを示しているのである。

私たちは、自分の外で起こっている物理現象を観察するに当たっては、大抵の場合、眼を使う。その最も大きな理由は、眼は、私たちから遠く離れた場所で起きていることを知覚することができるからである。手で触ったりするのでは、遠くのものはわからない。

物理現象の観察に眼が大切な働きをするのは、可視光が眼に入ってくるという条件が満たされれば、地球外の天体、例えば太陽についても研究することも可能だからである。太陽から送り届けられる光の性質を調べることから、太陽の大気における元素の分布、つまり化学組成を調べることもできる。

眼で見える光、見えない光

自然界の中で起こる物理現象は、いろいろな要因が絡み合っているので、それぞれが大変に複雑である。例えば、風は大気の運動から生じるのだが、周囲の環境に大きく影響されるため、分析することが非常に難しい。そのために、前にも述べたように、科学の実験においては、現象の本質となる要因だけが影響するような環境を特別に考えて、工夫することが必要になる。

もちろん、眼だけでは現象の進行をたどることができない場合もあるが、その際には、眼の代わりになるような測定器具を用いて、それを観察することになる。

太陽からは、眼で見える可視光のほかに、赤外線、紫外線、エックス線、ガンマ線や、その他にも広い周波帯にわたる電波が放射されているが、それらは私たちの眼では捉えることができない。これらを観察するには、電磁放射を観測できる装置を用いなければならない。

可視光を含めて、これらはすべて「電磁波」と総称される波（正確には波動という）であり、異なるのは波長（文字どおり、波の長さ）または周波数（ある時間での波の振動の

図17　電磁波の種類と波長の関係

(a) 電磁波の名称と波長

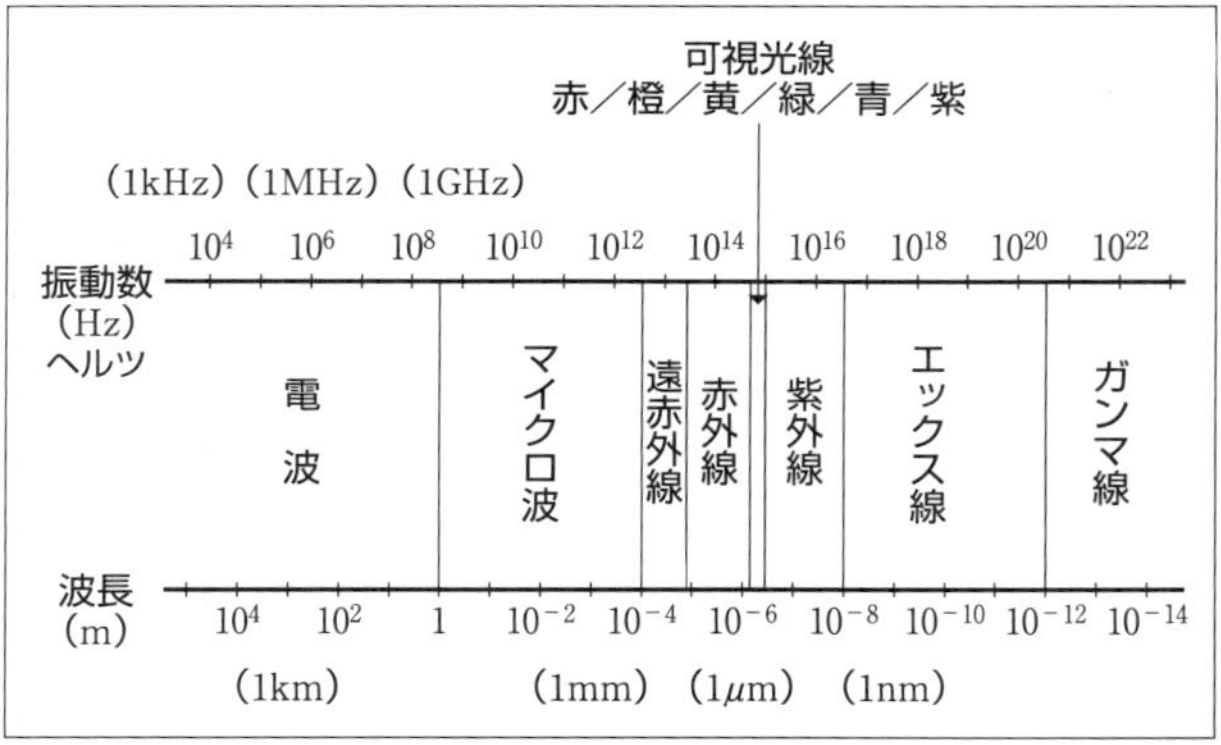

可視光線も、エックス線や赤外線もすべて同じ「電磁波」であり、波長が異なることで性質の異なる光となる。

(b) 人の見える光とミツバチの見える光の違い

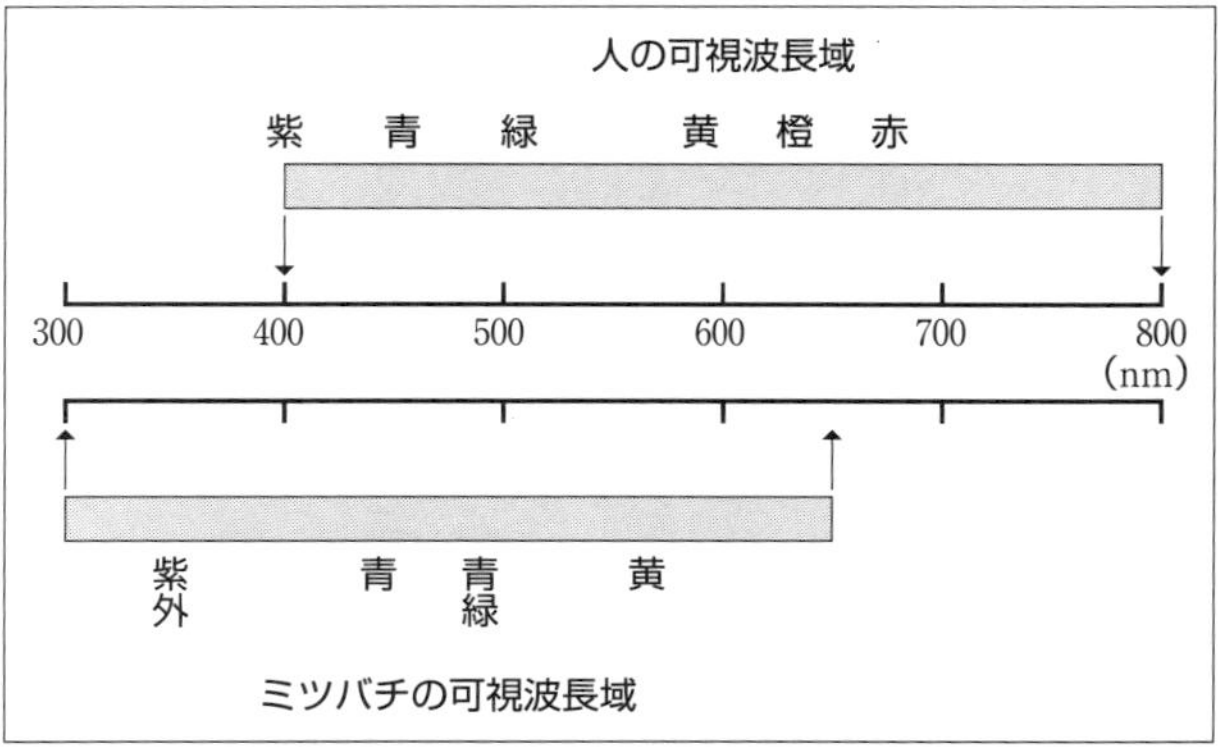

人には見えない紫外線をミツバチは見ることができる。

回数）だけである（図17）。電磁波の物理現象については、第6章で詳しく見るが、一言でいえば、電気と磁気の働きが交互に繰り返す波動現象であり、放射の強さは、この波動の振れ幅の大きさで決まるのである。

私たちの眼は、電磁波の中で波長がおよそ400〜800ナノメートル［nm］の範囲を見ることができるだけである。しかし、例えば昆虫類は、私たちが見ることのできない紫外線を見ることができる。一方で、私たちには見える赤い光を見ることはできない。これは、眼の構造が人間と昆虫ではまったく異なっているからである。

私たちの眼に光が見えるのは、光が運ぶエネルギーが、私たちの眼の奥の網膜に張られた視細胞と呼ばれる器官と相互作用して電気信号に変えられ、それが脳の中で処理されることによる。

物理現象の観察には、このように、光と眼の働きが重要な役割を担っているのである。

人の眼は光をどのように感知しているのか

では、このような眼という器官は、光からの情報をどのようにして捉えているのだろう

図18　眼が光を受けとるメカニズム

(a) 眼はどのように像を結ぶか

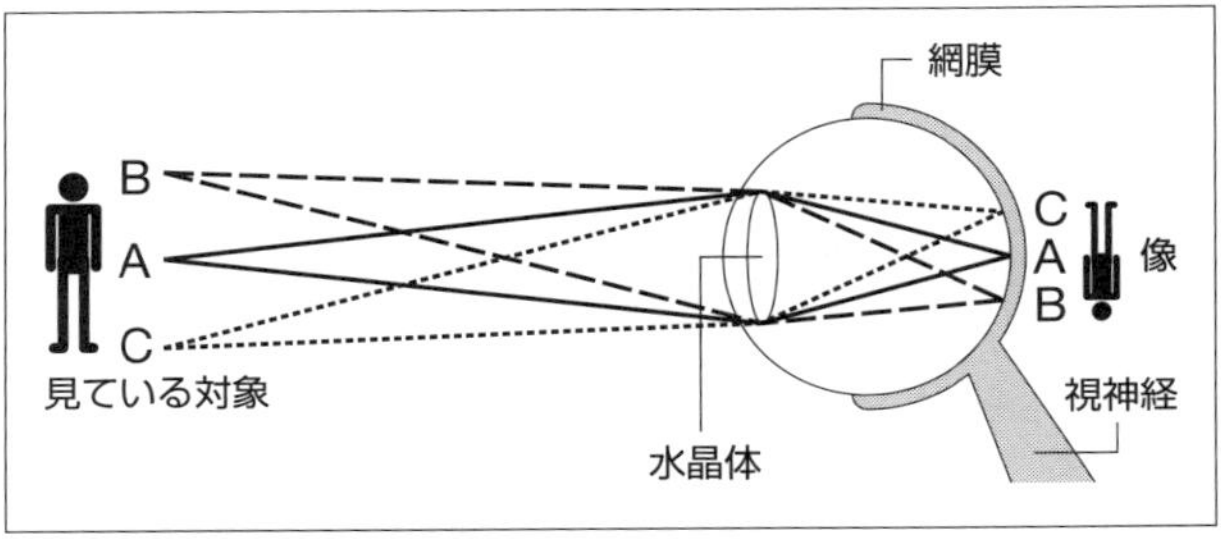

眼の水晶体がレンズの役割をして、網膜に像を結ぶ。通常のレンズと同じように像は上下逆になる。

(b) メガネを使うときの凹レンズと凸レンズの役割

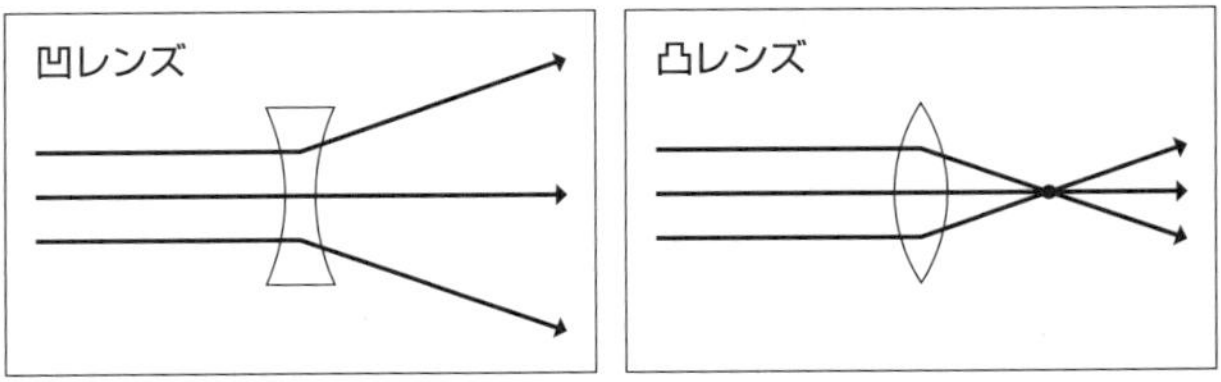

近視の人のメガネは凹レンズ、遠視の人には凸レンズになっている。

(c) 距離感を測る視角

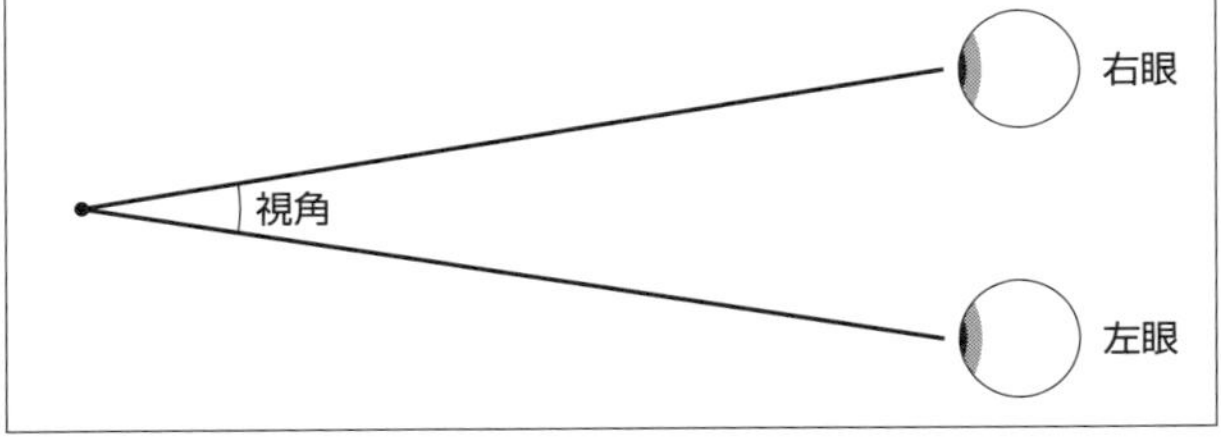

視角がなくなると距離を測ることができなくなる。

か。そのメカニズムについて、もう少し詳しく見てみよう。

よく知られているように、私たちの眼には、外部のものを見るために凸レンズが備わっている。これが水晶体である。このレンズを通して光が入ってきて、後ろ側にある網膜に届き、光がもたらした像を結ぶ。これが正常な眼の働きである（図18a）。

近視や遠視の人は、前者は外部から入ってきた光が結ぶ像が網膜にまで届いておらず、後者は像が網膜よりももっと深いところに結ぶようになってしまっており、どちらの場合も像がぼやけてしまい、はっきりと見えないのである。

そのため、近視や遠視の人ははっきりと見えるようになるために、メガネを使用する（図18b）。このメガネは、近視の人には凹レンズを用いて像を拡大させ、遠視の人には凸レンズを用いて像を縮小させることによって、網膜上に像を結ばせるようにしているのだ。

普段の生活では不思議に感じることはないが、私たちの眼が顔の中央部に左右1つずつ付いているのはなぜだろうか。これは眺めている物体までの距離を測るという機能のためである。視角（左の眼と右の眼のそれぞれと物を結んだ線の角度）によって、その距離を見積もることが可能となる（図18ｃ）。しかし、見ようとしている物体があまりに遠いとき、例えば月や太陽までの距離を測ろうとしても、この視角がほとんどゼロになってしまうためにできない。

では、月や太陽などの天体までの距離や大きさを目視で測ることはできるだろうか。その方法を考えてみてほしい。

例えば月の直径と距離を出してみよう。

月の直径は、月までの距離と視角を測ることによって計算できる（図19ａ）。この視角は、10円玉などの硬貨を使って測ることができる。目の前に10円銅貨をかざして、眼からどのくらいの距離まで離したときに、月が隠れて見えなくなるかによって、この視角を測ることができる。

では、月までの距離はどのようにすればわかるのか。

方法の１つが三角測量と呼ばれるものである。地球上で互いの間の距離がわかっている遠く離れた２地点から月を見られる角度を測り、それに基づいて月までの距離を求める（図19ｂ）。

あるいは、月と地球との間に働く重力加速度によって測ることもできる（図19c）。以前、月は地球に向かって自然落下の状態にあると述べた。にもかかわらず、地球に向かって落ちてこないのは、月が地球の周りを回転しており、横滑りしているからであった。この横滑りの角度は観測からわかるので、そこから図のような考え方で、地球から月までの距離を計算することができるのである。

また、月までの距離がわかれば、地球から太陽までの距離は比較的容易にわかる（図19d）。ちょうど半月になったときの夕方に沈んでいく太陽と地球、月のつくる角度（図のα）を精密に測ることにより、太陽と地球との距離を計算できるようになる。

このように、眼で捉えることのできる光の情報によって、私たちはさまざまなことを知ることができる。視覚以外の感覚ではこのようなことは不可能である。

では、このように私たちにとって、この宇宙で生起する自然現象の研究にとって重要な手がかりとなる情報を運ぶ光とは、一体どのような性質を持ち、どんな状況のもとで作りだされるものなのだろうか。

図19　月・太陽の直径と距離を測るには

(a) 月の直径の測り方

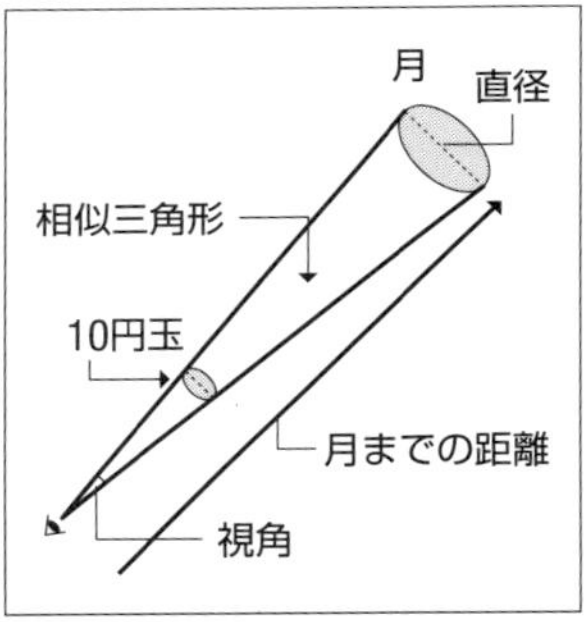

月までの距離がわかれば、直径を測ることができる。

(b) 月までの距離の測り方 (1)

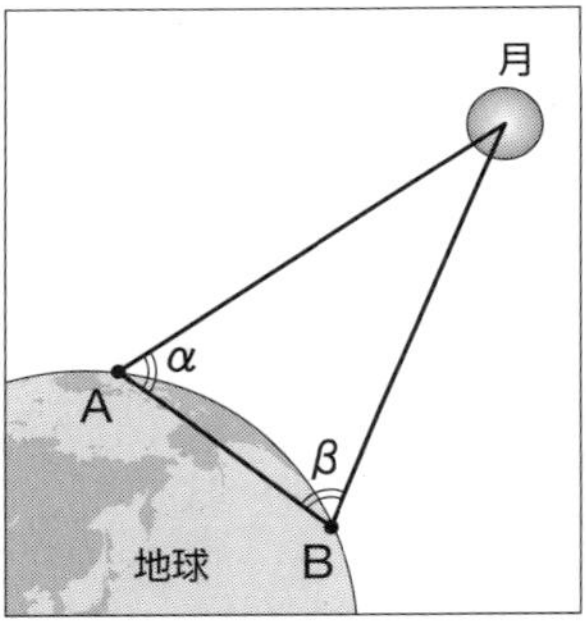

2地点（A、B）から月を見る角度（α、β）を測る。AB間の距離がわかれば、三角形の相似から月までの距離を計算できる。

(c) 月までの距離の測り方 (2)

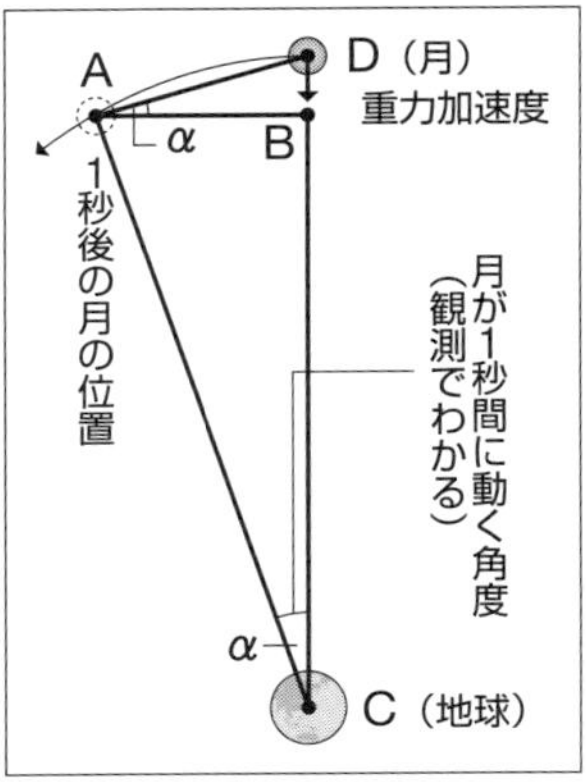

三角形ABCとDABの相似から月の重力加速度が計算でき、そこから月までの距離を計算することができる。

(b) 月までの距離から太陽までの距離を計算する

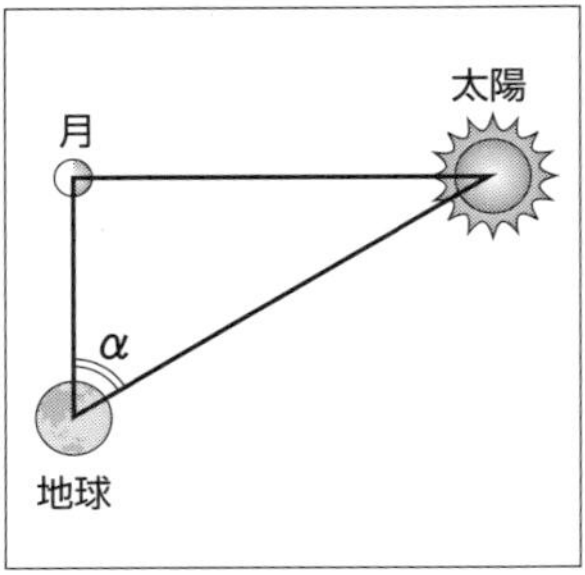

半月のときに、月―地球―太陽のつくる角度（α）を測ることにより、月までの距離がわかっていれば太陽までの距離も計算できる。

光が運ぶエネルギーの量はどれくらいか

光が可視光だけでないことは前に述べた。日焼けを起こす紫外線や、レントゲン検査に使うエックス線なども光、すなわち同じ電磁波という仲間なのである。

例えば、自分の頬《ほお》に手を近づけてみると、手に温かさを感じられるはずである。これは温度を直接感じているのではなく、頬から手にもたらす何らかの作用が空気を間に介して働いているということだ。

この作用を生じるのは、私たちの眼には見えない赤外線と呼ばれる電磁波が放射されているからなのである。この赤外線も光（電磁波）の一種である。

また、先ほども例に出したように、夏になると日焼けをしやすくなる。これは、太陽から送られてくる紫外線と呼ばれる電磁波のエネルギーが強くなり、私たちの顔や身体に当たると、その表面にある細胞を傷つけ、一種の火傷が生じ、皮膚の色が茶色に変色してしまう、いわゆる日焼けの状態になる。

これらのことは、光は物質に当たると、何らかの相互作用が生じることを示しており、それは光がそのような作用を生みだすエネルギーを運ぶからなのである。

大気であれ、塊《かたまり》となった物体であれ、温度を持つものは、すべてのものがたえず外部に向かってエネルギーを電磁波として放射している。

このエネルギーの量は、そのエネルギーを出している物体の温度（絶対温度）の4乗に比例している。私たちの身体も、体温（セ氏37度＝310ケルビン）に応じた電磁放射、すなわち赤外線を出しているのだ。

また、日光に当たると、手や顔に暖かさを感じることができるが、これは日光のもたらすエネルギーを、私たちの身体を作る細胞中にあるいろいろな高分子（タンパク質や脂質など）が吸収し、熱運動を始めることによるものである。その日光のエネルギーも太陽の表面温度（5782ケルビン）の4乗に比例するものになっている。

エネルギー放射の量は、物体の表面積に比例して決まる。私たち成人の1人ひとりからのエネルギー放射は、大体60ワットの電球1個と同じくらいである。このことにより、私たちは1日に少なくとも1230キロカロリーのエネルギーを失っていることになり、そのエネルギーを補給するために食事をとらなければならないのである。肉体労働や頭脳労働でもエネルギーを必要とするので、実際はさらに多くのエネルギーを摂取しなければならない。
可視光を含めて電磁波を放射する物体はすべて、放射するだけでなく、外部から到来する電磁波を吸収する働きも持つ。この放射と吸収とが、この自然界の中であらゆる物体の間に成り立っているのだが、このようにして釣り合った状態は「放射平衡」と呼ばれている。

このような均衡が崩れている場合、例えば私たちの人体において吸収されるエネルギーが不足しているときは、生理的に見て、周囲に放射を通じて熱エネルギーを奪われるので、寒気を覚える。逆に、真夏などで外部から吸収されるエネルギーが多いときは、体温を上げて外部に放射するエネルギーを増やすのである。それでも十分でないときは、汗により外部へエネルギーを棄て、体温を下げる。

この放射される電磁波は広い波長帯にわたっているのだが、最も強くなる波長と、この物体の絶対温度との間には「ウィーン（Wien）の変位則」と呼ばれる関係が成り立っている。私たちの体温（310K）から、この法則を用いると、人体から放射される電磁波の中で最も強い部分の波長は約9000ナノメートル（ナノは10億分の1）であり、赤外線の領域にあることがわかる。

また、同じく人体から放射される電磁波のうち、可視光の領域では、赤い波長の側で強くなっているので、私たちの肌は少しだけ赤みを帯びて見える。特に新生児のことを赤ちゃんとか赤ん坊などと呼ぶが、これは生まれて間もない幼児の体温が私たち大人より少しだけ高いことによる。

物体が放射する光と温度の関係

このように、温度を持つ物体はどんなものでも電磁波の放射を行なっているが、この放射は、強弱の差はあっても、あらゆる波長にわたっている。これを「波長が連続している」という。

この電磁放射の強さの波長分布（どの波長にどの程度含まれているか）は、その物体の温度によって決まる（図20）。このため、こうした電磁放射は熱放射、あるいは、この放射の機構を明らかにした人の名前を用いて「プランク（Planck／１８５８～１９４７）放射」と呼ばれている。

では、波長が連続した放射でないもの、いいかえれば非連続な放射というのはあるのだろうかという疑問が浮かぶのは当然である。実は、こうした非連続な波長分布を示す電磁放射の存在が、19世紀の初めに見つけられた。

それは原子や分子の電磁放射である。例えば、水素原子が放射する光は、ある特定の波長のものに限られているのである。しかも、この非連続な波長のパターンは、原子や分子の構造によって固有のものとなっているのである。

この非連続な波長分布のパターンが作られるメカニズムの解明を通じて、原子や分子の構造が解き明かされ、その過程で、現代物理学と呼ばれる新しい学問分野が誕生してきたのであった。

光の本質を解き明かす過程を通じて、物理学は革命的に進歩し、現在のように、物質の究極構造まで解き明かせるようになったのである。その出発点となったのが、19世紀も終わりに迫った1900年の12月に発表された、このプランクによる熱放射の理論だったのである。

この理論によれば、光は波長という物理量を持つ（つまり波である）が、一方で光の持

図20　星の表面温度と電磁放射の関係

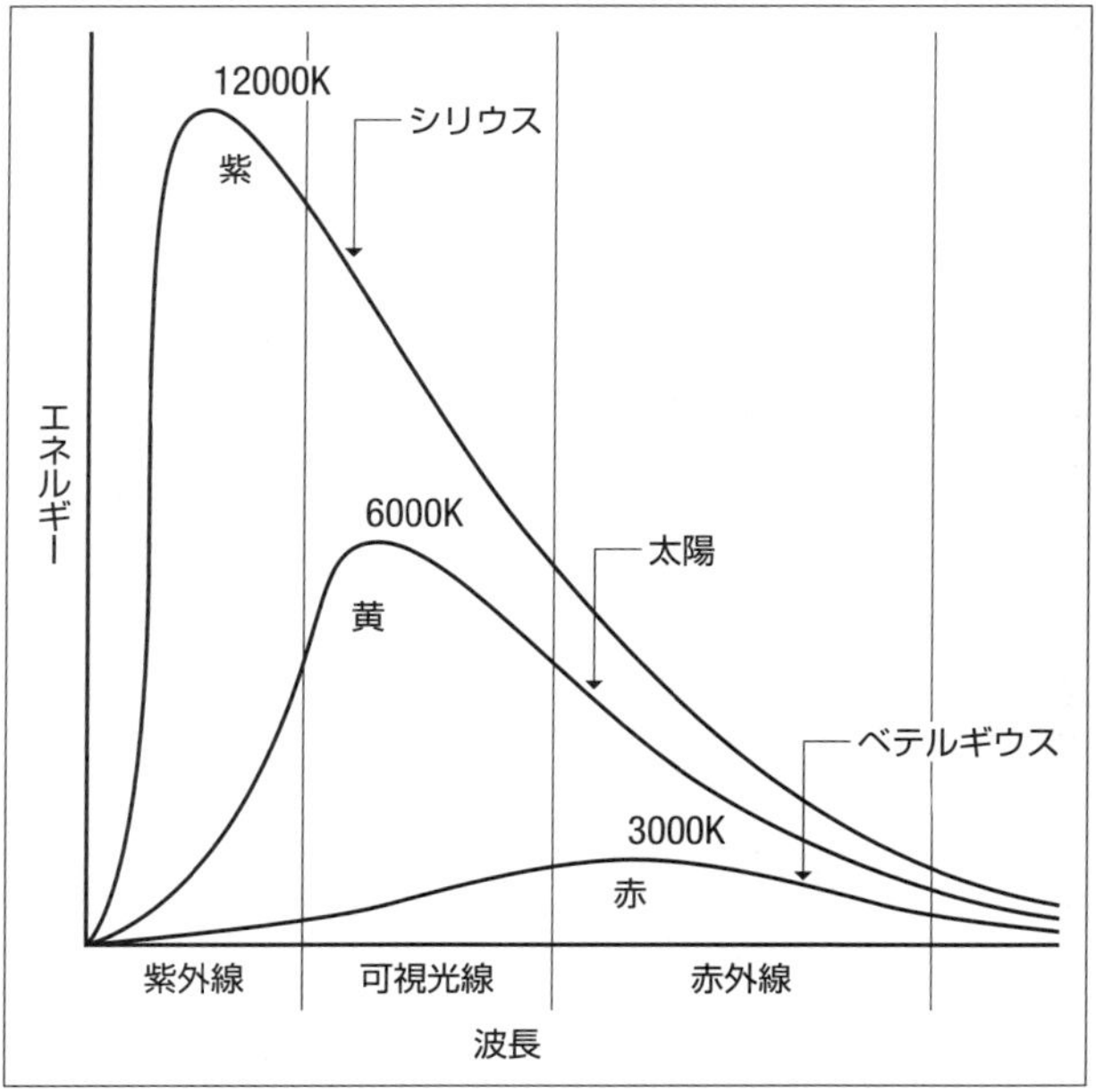

星の表面温度によって、放射される電磁波が最も強くなる波長が異なる。温度が高いほど白っぽく、低いほど赤っぽく見える。

つエネルギーについて見ると、光の周波数で決まるエネルギーを持つ粒子の性質を示す存在で、それをアインシュタインは後に光量子《こうりようし》（光子《こうし》）と呼ぶよう提案したのであった。1905年のことである。

光は波長という属性を持ちながら、一方でエネルギーの小さな塊（粒子）だというのであった。プランクに始まり、アインシュタインによって、そのことが明らかにされたのである。

光は「波」でもあり、「粒」でもある？

では、光が電磁波でありながら粒子としての性質を持つとはどういうことだろうか。

電磁波は、波長が短くなって可視光の領域を超えると、紫外線、エックス線、ガンマ線……となっていく。すると波長が短くなるにしたがって、粒子としての性格を強く示すようになる。

これは波長の大きさがおおよその波動の広がりを表わすようになる、いいかえれば、波動という性質を持ちながら、波長程度の広がりしか示さない粒子としての性質を帯びるよ

図21　音と光の伝わり方——波動とは

（a）音と光の伝わり方の違い

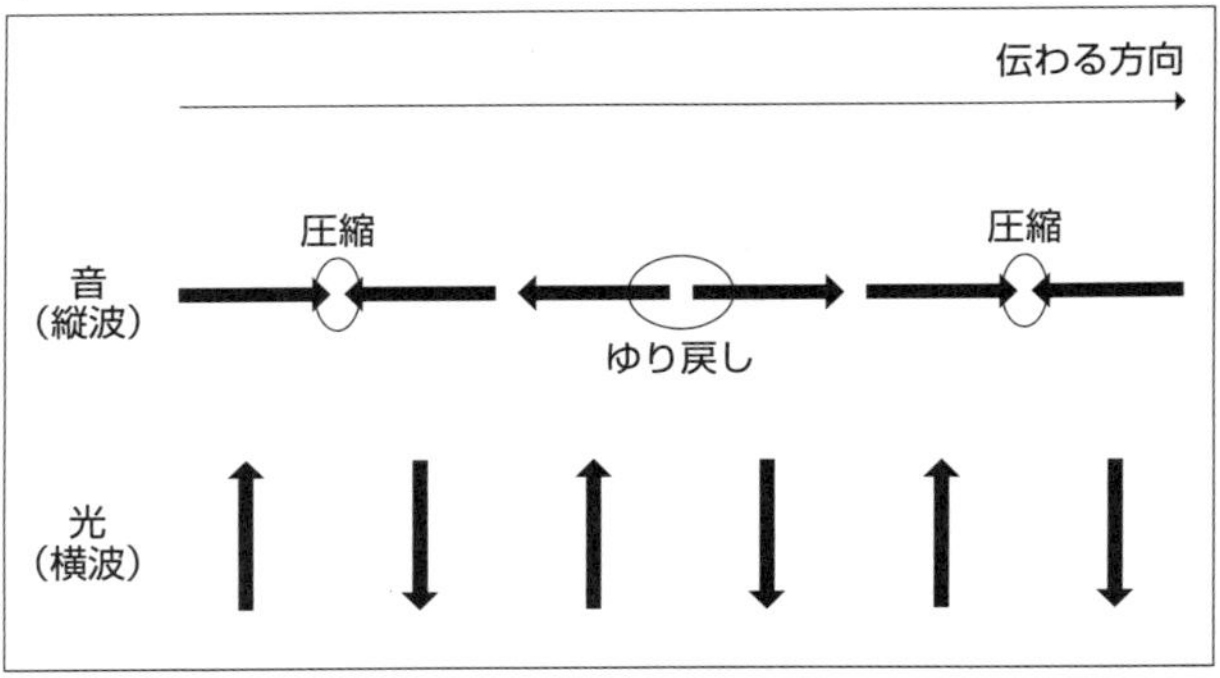

音の波は縦波であり、圧縮とゆり戻し（押し引き）を繰り返しながら伝わる。一方、光は横波であり、進行方向と垂直に振動しながら進んでいく。

（b）光＝電磁波とは

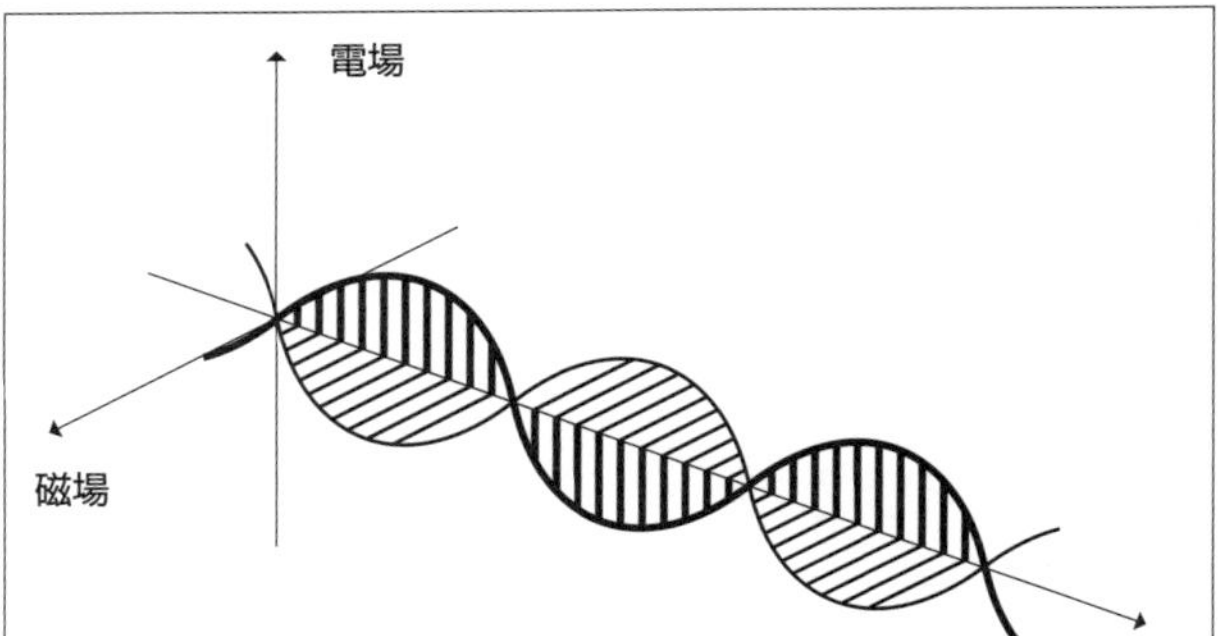

光の正体は電磁波であり、電気と磁気の2つの振動が光速で伝わっていく。詳しくは第6章を参照。

うになるからである。

非常に不思議なことだが、波長が短くなるにつれて粒子としての性質を示すように変わっていくのである。それは電磁波または光がエネルギーを運ぶという性質を担っていることによる。

よく知られているように、波動には2種類ある（図21）。その1つは音の波である。例えば、音が大気中を伝わるときは、大気の一部が強く圧縮され、その影響が順次伝わって音として伝播《でんぱ》していくことになる。圧縮とゆり戻しという現象が隣りあった大気へと順々に伝わっていくことにより、音が伝わるという現象が起こるのだ。したがって音の波は進行方向に沿って振動が起こっている。このような波動を縦波と呼んでいる。

それに対し、電磁波は進む方向に対し垂直な方向に振動しながら伝わっていくので、横波と呼ばれている。したがって、大気中を伝わる際にも、音の波に見られるような圧縮とゆり戻しは起こらない。

この性質の違いは、光と音の伝わる速度の違いを引き起こす。例えば、音の速度は空気中（毎秒約340メートル）よりも水中のほうが速く（毎秒約1500メートル）、金属の

図22　光の屈折

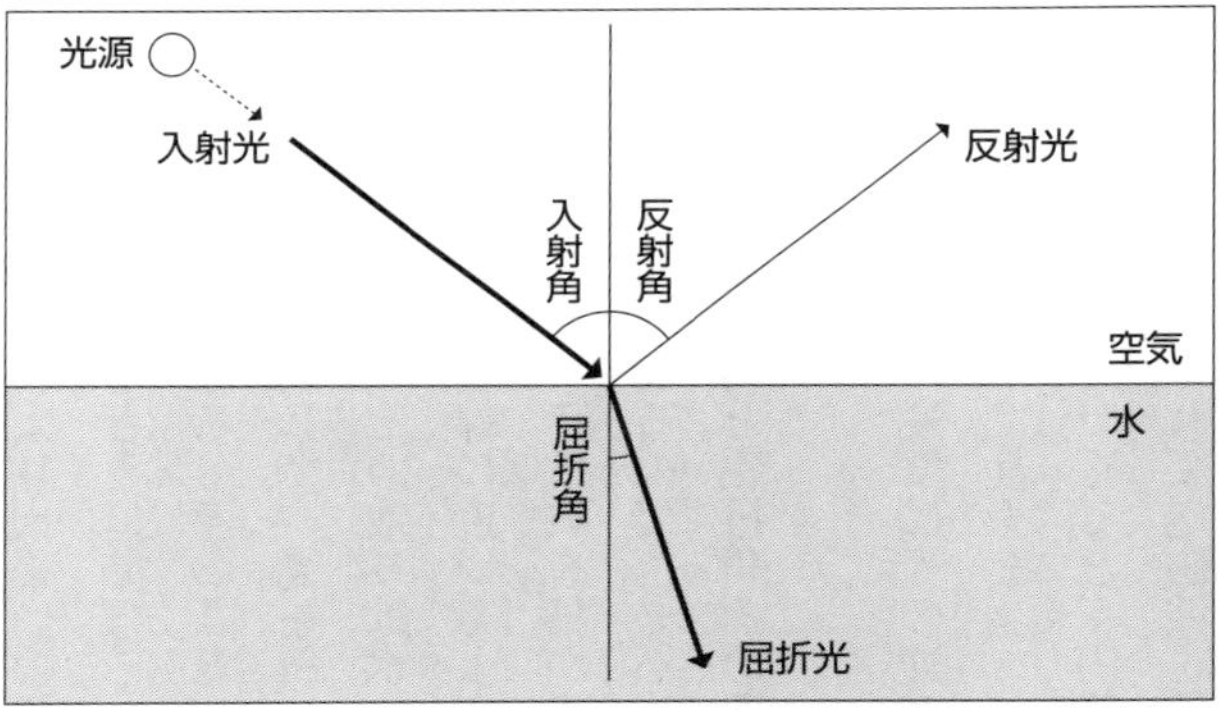

光は水の中に入ると屈折して進む。入射角と屈折角の関係は水の屈折率によって一定となるように決まっている（入射角と反射角は等しい）。

ような硬い物質中ではさらに速く（毎秒約5000メートル）なる。

一方、光の速度は真空中では毎秒約30万キロメートルであるが、大気中ではほんの少しだが遅くなり、さらに、水中では真空中よりも30パーセントほど遅くなる。

このことが光の屈折という現象を起こす（図22）。光の屈折というのは、プリズムを通った光が赤から紫までの光の帯に分かれることや、もっと身近なところでは手を水につけたときなどに手が曲がって見えることでもわかる。

プリズムの場合は、ガラスの持つ屈折率（すなわち光の速度の遅くなる度合い）という物理量が空気のそれより大きいので、光の進む方向が曲げられる。しかも、光は波長によってプリズムを通るときに曲げられる割合が違っており、波長が短くなるにつれて、その曲げられ方が強くなる。そのことにより、赤から紫までの光の帯に分かれるのである。

これは水中でも同じで、光を斜めの方向から水面に向かって送ると、その光の一部は水面で反射されるが、その残りは水中へと進んでいく。このとき、光の筋道、つまり光線は光の入射点を通る垂線に近づくように曲げられる。

光は直進するという性質を持つので、水面の上でも下でも直線的に進むのだが、水中では光の速さは遅くなるので、必然的に曲がる角度が大きくなるのである。水面に立てた垂線に対して、入射角と屈折角との間には、ある決まった関係があり、それが屈折率で決められる。

真空中では物質の速度は光の速度を超えることはできないが、このように水中など光の速さが真空中に比べて遅くなってしまうような媒質中に、光の速さに非常に近い速さで電子や陽子が飛び込んでくると、円錐形をした光の伝わる領域ができ、そこではその媒質物質が激しく揺さぶられて電磁波を放射する。

図23　チェレンコフ放射

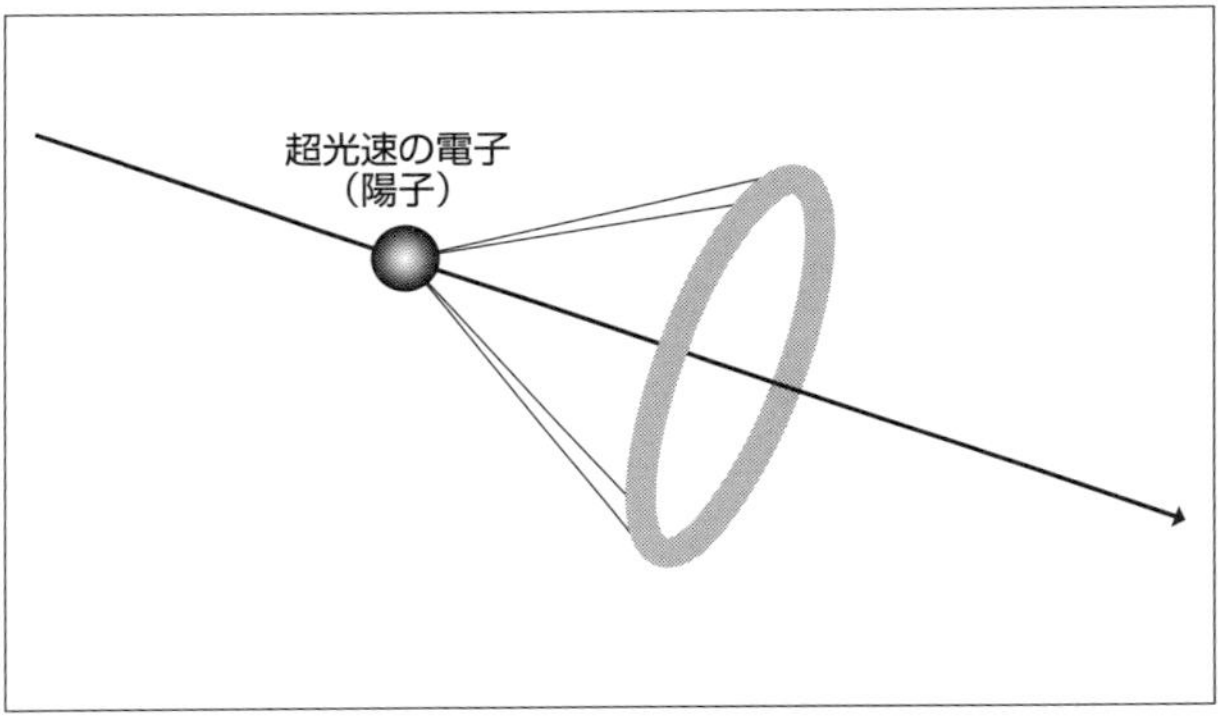

水の中など光が遅くなる場合には、電子や陽子が光速より速く運動することがある。その際にこうした電子（陽子）のまわりに円錐形の光が放射される。

この放射は、その存在を予言した人の名前を用いて「チェレンコフ（Cherenkov／1904〜1990）放射」と呼ばれている（図23）。このチェレンコフ放射を利用して、宇宙で起こっている非常にエネルギーの高い現象を捕まえようという試みが現在なされている。

宇宙空間で作りだされた、ほぼ光速度で地球の大気へと飛び込んでくる宇宙線と呼ばれる粒子が、こうした放射を大気中で作りだし、このチェレンコフ放射が実際に観測されているのである。

こうした高エネルギーの領域では、放射された電磁波は、先に述べたように粒子のように振る舞っているのである。

このように、光はさまざまな領域で、私たちが物理現象を観測するのに役立っているのである。

第6章　電気と磁気の正体とは

地球は巨大な磁石である

現在では、電気のない生活など、想像することはできない。家の中の照明や冷蔵庫などの電化製品、街中では電車や街灯などが電気の働きによっていることはいうまでもない。

自然界にあって早くから気づかれていたのは、地球が磁気を持つ惑星であるということであった。原因はわからなくても、磁気を帯びた小さな鉄の針や磁石が何らかの作用を受けることは、古くから知られていた。また、こうした鉄の針や磁石の向く方向は、場所によって特定の向きになることもわかっていた。

こうした現象を利用して、方位磁針が作られ、地球の北極の方向にN極が向くこと、南極の方向にS極が向くことはご存じのとおりである。

私も登山の際に磁石を実際に使った経験があるが、とはいえ、なぜ磁石の針が特定の方向に向くのかが理解できるようになったのは、物理学について勉強してからのことであった。

その理由は、地球自体が中心付近に巨大な磁石を内蔵している（図24）ことによるものだが、なぜ地球が磁気を持つ惑星なのか、今でも不思議に感じる。

図24　地球は巨大な磁石

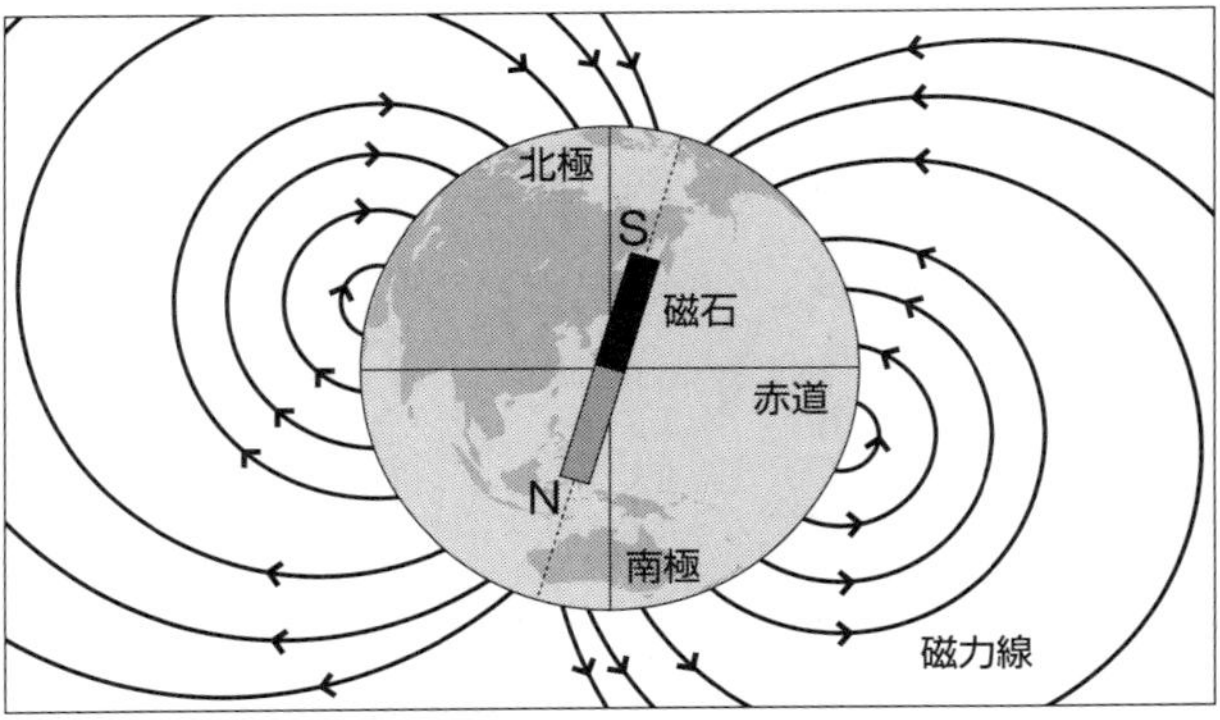

地球は、内部に巨大な棒磁石を持っているかのように磁力を発している。この磁石の北は地軸の北（すなわち実際の北極点の方向）とは少しずれている。

現在では、太陽系の天体では、地球のほかに、木星、土星、天王星、海王星、そして太陽が磁気を持っていることがわかっている。また、恒星の多くにも磁気があることがわかっている。それだけでなく、天の川銀河にも、その腕（アーム）に沿って、弱いけれども磁気のあることが明らかにされている。この宇宙では、磁気の存在はきわめてありふれた存在なのだということが、現在ではわかっているのである。

さらに電気と磁気の現象は相互に影響しあい、その働きには強い関連性が相互にあることもわかっている。この電気と磁気に関わる現象について、これから見ていくことにしよう。

磁石と電気が作る「場」とは何か

電気や磁気の力は空間の離れた地点へと伝わる。この働きは、通常「場（field）」という概念を使って表わされる。この概念の導入は、電磁気学の分野を切り拓《ひら》いたファラデー（M. Faraday／1791〜1867）によって、1830年代になされたものであった。

ここに1本の棒磁石があるとする。棒磁石のどちらか一方の先端へ、1本の小さな釘を近づけてみると、釘は磁石に向かって引っぱられる。この力は、釘が磁石に近づくと、さらに強くなっていく。

磁石と釘とは、空間で隔てられているのに、釘を引っぱる力が働くのはなぜだろうか。このことは、磁石の周囲の空間に、釘に力の作用を及ぼす〝何か〟が広がっているのだと考えられる。

この〝何か〟をファラデーは「場」と名づけ、磁石には周囲の空間に力を生みだす磁場を形成する性質があるのだと提案したのであった（図25ａ）。

図25　磁場の働き

(a)「磁場」とは何か

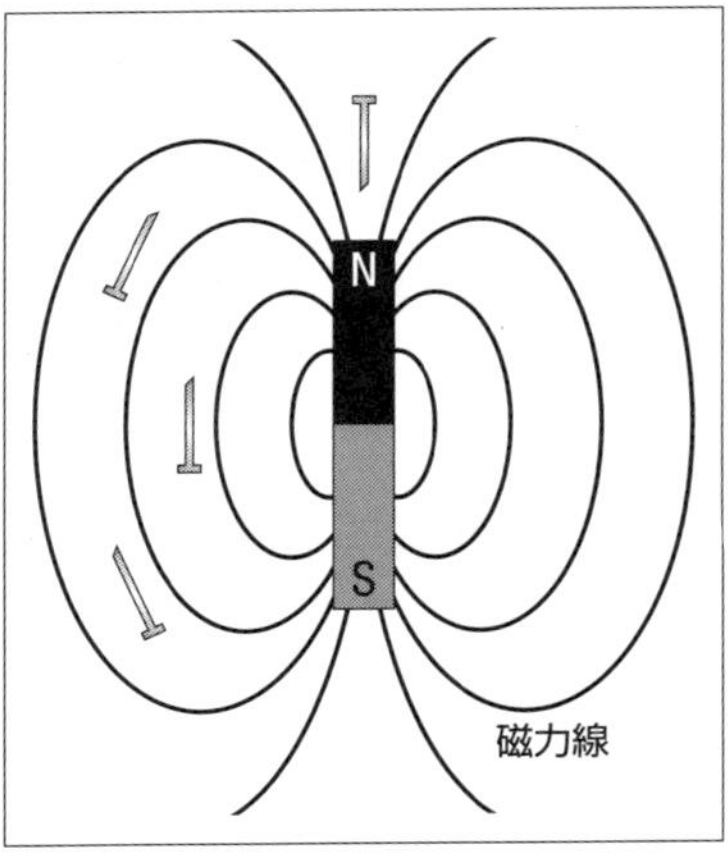

棒磁石のまわりに釘を並べると、場所によって異なる方向を向く。つまり磁石が釘に及ぼす力が、場所によって向きも強さも異なるのである。
これは磁石の周囲に磁力の場、「磁場」が存在していることを示す。それを表わしたのが磁力線である。

(b) ガラス棒を布でこすると髪の毛を引きつけるのはなぜか

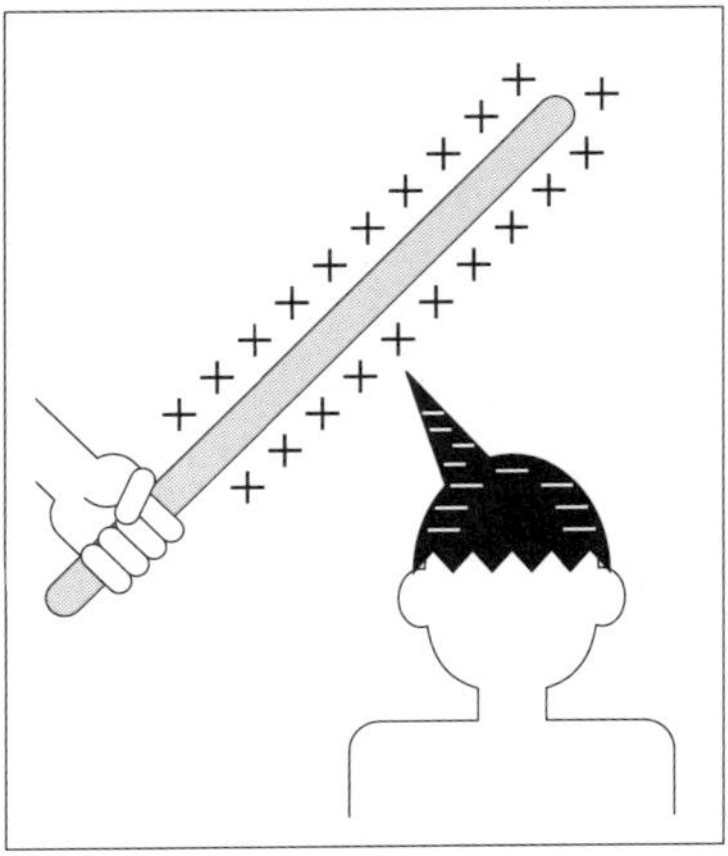

ガラス棒を布でこすってから頭に近づけると毛を引きつける。
ガラス棒を布で摩擦すると棒に正（＋）の電気が蓄積する。これを頭に近づけると、毛の先に負（－）の電気が集まってきて、ガラス棒と引きあうようになる。この現象を「静電誘導」と呼んでいる。

こうした場は、磁気によって生みだされるだけでなく、電気のまわりにも存在する。例えば、ガラス棒を布でこする、つまり摩擦を加えると、ガラス棒にはプラスの電気が蓄積される。この棒を頭に近づけてみると、髪の毛が引きつけられて逆立つだろう。このような現象を「静電誘導《せいでんゆうどう》」という(図25b)。

これは、ガラス棒がプラスの電気を帯びているので、毛先には逆にマイナスの電気が引き寄せられ、これら2つの電気の間で力が働くのである。ガラス棒は髪の毛に触れているわけではないのに、互いに引っぱりあう力が生まれる。つまり、ガラス棒の周囲には電気的な力を生じるような性質が空間に作りだされている。これが電気の場、つまり「電場」なのである。

前に触れた自然落下の現象でも、ボールや小石を高い所から離すと、何も力を加えないのに落下していくが、これも空間中に重力の場が存在するからだと考えることができる。アインシュタインの一般相対性理論において、重力が空間に力の働きを生みだすことを先に述べた。これも重力の「場」が空間中に働いているのである。

「磁力」を目に見えるように表現したガウス

さて、地球が磁気を帯びた惑星であるということについて、最初に理論的に示したのはガウス（C. F. Gauss／1777～1855）で、それは19世紀初め頃のことであった。この人は数学の天才と呼ばれる人で、現代数学の基礎となる数の理論から代数学および幾何学まで、あらゆる領域の研究でその才能を発揮したのであった。

地球の磁気の研究では、彼は世界のいろいろな場所で観測された磁気の強さの真の値を求める方法を理論的に編みだし、観測結果を分析した。

そのようにして、地球の中心部は、自転軸にほぼ沿うように巨大な棒磁石を埋め込んだようになっていて、それが作りだす磁場が地球の外側へと広がっていることを示したのである。

この磁場の広がりについて、目に見えるように「磁力線」という表現のしかたをしたのがファラデーで、ガウスと同時代の人であった。磁力線を用いることによって、磁場の広がりが見やすくなることから、非常によく用いられるようになっている。

ガウスは地表で得られた、世界のいろいろな地方における磁場の観測値の分析から、中心部にあると想定された磁石の持つ強さ（磁気能率という）まで求めた。また、両極地方の上空にしばしば発生するオーロラの原因に、この地球の磁気の激しい乱れが密接に関わっていることも明らかにした。

ガウスにこのような研究が可能だったのは、磁気が作る場（磁場）の真の強さ（絶対値という）を測る工夫を彼が作りあげたからである。彼はこうした先駆的な研究のあと、地球表面で観測されるこの磁気の時間変動のパターンから、地球大気の上層部に、電流の流れている領域がなければならないことも実験的に明らかにした。

実際に、地球の上層大気中に、大気がイオン化された領域が形成されることが20世紀初頭に発見され、ガウスの予想は当たったのだった。

現在、このイオン化された大気層は「電離層」と呼ばれており、この大気層を流れる電流が地表で観測される地球の磁気の変化を引き起こすことがわかっている（図26）。

私が京都大学で学んでいた頃、理学部の何人かの研究者が、電離層が地球の磁気の日々の変動を引き起こすことや、電離層内に流れるジェット電流が果たす役割を明らかにするといった、大きな研究業績を上げつつあった。こうした研究を進めた人たちが集う研究室

図26　大気中の電気――電離層の存在

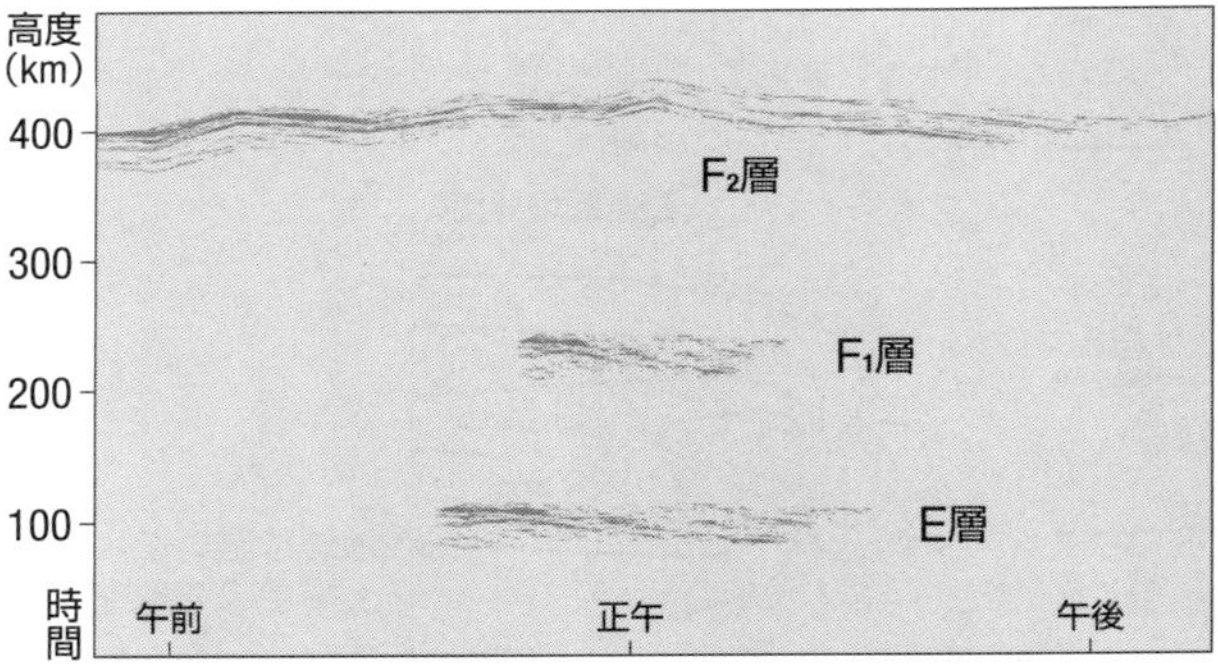

電離層のうち、E層とF₁層は、主に太陽が放射する紫外線、エックス線により、大気がイオン化され形成される。F₂層は、これより上層の領域とつながっており、地球磁気圏の変動にしたがって、イオン化の状態が変化する。

に入れてもらえたとき、自分もこの方面で何らかの仕事をやりたいとの希望を抱いたのを今でも思いだすことができ、気持ちが高ぶってくるのを感じる。

大気がイオン化されて作りだされる電離層は、日中は3つの層に分かれて生成され、地面に近い側からE層、F1層、F2層と呼ばれている。E層とF1層は、太陽が出ている昼側にしか生成されないから、太陽からの電磁放射の中で大気のイオン化に強く働く紫外線やエックス線が大きな役割を果たしている。

F2層は、地上400～450キロメートルと、かなり高い所に形成されており、こち

図27　地球磁気圏の構造と太陽風

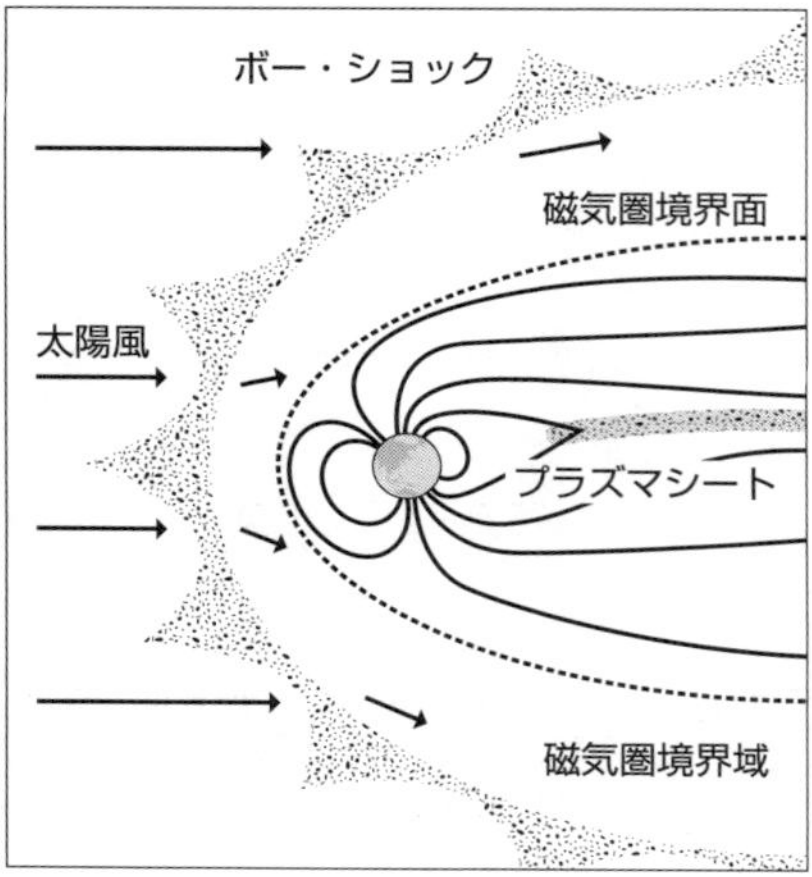

地球は磁気によって太陽風の直撃をさえぎっている。この太陽風の影響により、太陽と反対側では地磁気は遠くに向かって伸びている。

らはさらに上層に広がる希薄な大気から成る磁気圏と呼ばれる外部に広がる領域の生成機構と密接に関わっている。

この地球の内部に起因する磁気は、地球の外部にまで広がり、その磁場は磁力線を描いて広がっている。

一方、太陽からは、外縁に広がる超高温（100万ケルビンに達する）のコロナと呼ばれるガスが溢れだして「太陽風」という超音速の流れとなって太陽系の空間へと放出されている（図27）。

そのため、このイオン化したガスから成る流れに遭遇した地球の磁力線は、太陽に面した側で地球半径の10倍ほどのところまでしか広がらなくなっており、逆の夜側では、太陽風が磁力線をひきずる働きがあるので、地球の磁場は宇宙空間の遠くへ向けて延びている。

太陽風は大部分が電子と陽子から成っており、地球の磁気に出会うと、その流れが変えられ、地球の表面近くにまで届くことはできない。太陽風の流れは超音速（マッハ4ほど）なので、この流れが妨げられるとき、太陽に面した側に衝撃波と呼ばれる壁が形成される。この波の形が弓に似ているので、これは「ボー・ショック（Bow shock）」と呼ばれている。

先に述べたように、太陽と反対の夜側では地球の磁場は遠くに向かって延びているが、南側の極地方から延びる磁力線と北側の極地方から延びる磁力線とが出会う赤道面のあたりでは、互いに逆の向きであるので、打ち消しあい、磁場が弱まる。

そこでは消滅した磁気のエネルギーにより加熱された、高温のイオン化したガスが溜まっており、その領域は「プラズマ・シート」と呼ばれている。

この地球の磁気圏が何らかの力の働きで押し縮められるようなことが起こると、プラズマ・シートにあったイオン化したガスの一部が加速されて、地球の磁力線に沿って、両極地方へ侵入していくことがある。

このガス中の電子が地上100キロメートル付近にまで到達すると、そこにある窒素や酸素の原子と出会い、これらの原子のエネルギーを上げるように働く。このエネルギーを放出して元に戻るとき、これらの原子から光が放射される。これがオーロラの正体である。オーロラが主に両極地方の夜側に出現するのは、このような理由による。

雷が電気であることを明らかにしたフランクリン

私たちにとって身近に感じられる自然の中の電気現象といえば、雷だろう。雷が電気現象であることを初めて示したのは、アメリカ独立革命に際して、大きな役割を果たしたベンジャミン・フランクリン（B. Franklin／1706〜1790）であった。

彼は雷雨中に金属を取り付けた凧《たこ》を上げ、雷の電気が凧糸を伝わって毛羽立つのを確認した（図28a）。その上で、凧糸の下に取り付けたカギを通して、ライデン瓶《びん》という蓄電装置に電気を貯めることに成功したのである。これが1752年のことであった。この発見により翌1753年に、イギリスの王立協会からコプリ賞という賞を授《さず》けられたのであ

図28　雷が電気であることを証明したフランクリンの実験

(a) フランクリンの実験

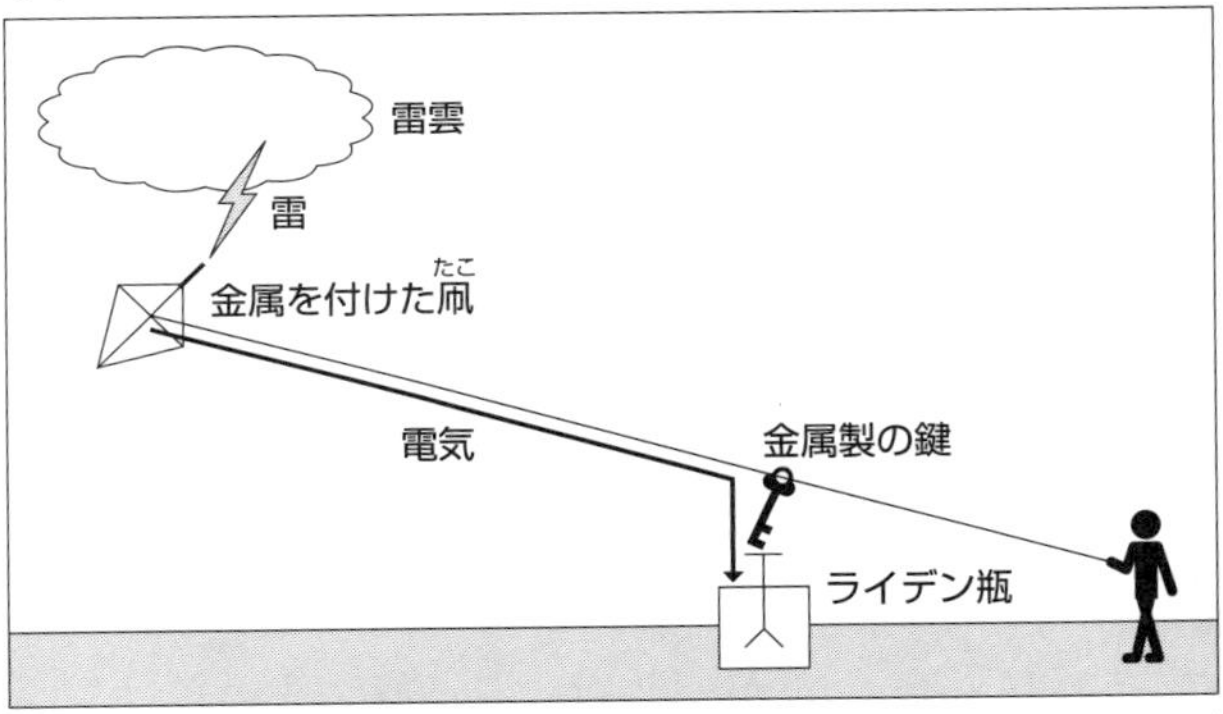

フランクリンは、凧が雷を受けると、凧糸と鍵を経由してライデン瓶（蓄電装置）に電気が貯まることを証明した。

(b) 雷はなぜ起こるか

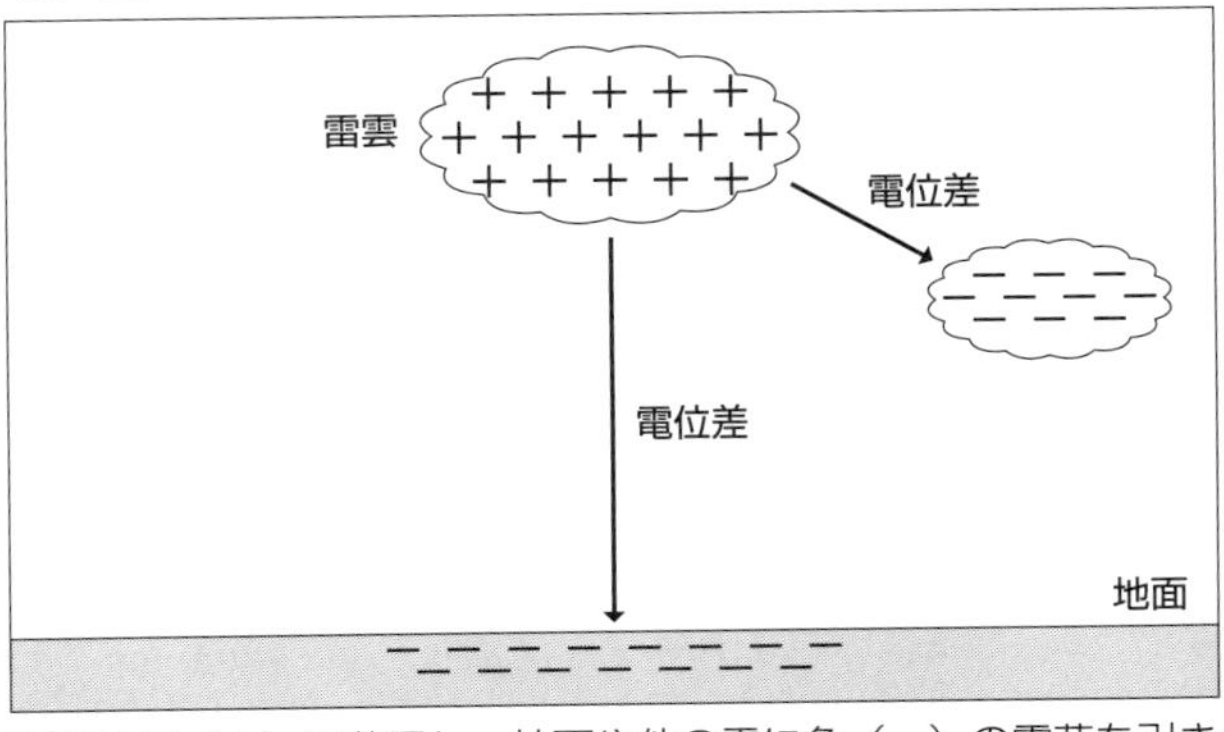

雷雲は正（＋）に荷電し、地面や他の雲に負（－）の電荷を引き寄せる。その電位差がある大きさ以上になると放電が起こる。

った。

多くの人は、雷の日に、ラジオからカリカリという雑音がしたり、テレビの画面が歪んだりするのを経験していることだろう。これは、雷放電から発射された電波放射のエネルギーが、ラジオやテレビのアンテナに届くことによるものである。

この雷放電にともなう電磁放射は、放電の発生した場所から、周囲に光速で伝わっていくのだが、放電の経路では大気が激しくイオン化され、そこで放出された電子が激しく振動することを通じて、広い周波数帯にわたり電波が放射されるのである。

雷放電は雷雲と地面、または雷雲の間に何らかの働きで強い電位差が発生し、それを中和するように激しく電流が流れるのだが、この電流が作りだすのが雷放電に見られる光の筋なのである（図28b）。

この光の筋の中では、生成された電子やイオンが激しくぶつかりあい、生じた電位差をなくすように移動しながら、周囲の大気中の酸素や窒素などの分子と衝突したり、イオン化したりする際に発光させ、それが雷放電の道筋として見えるのである。

先に電位差という表現を用いたが、この自然界には、正（＋）と負（－）それぞれの電気を担うミクロな物質が存在し、前者は正イオン、後者は電子と呼ばれている。この正の電気と負の電気との間には、両者の量の積に比例し、互いの間の距離に逆比例するような物理量が考えられ、それが電位差と呼ばれるのである。この電位差を通じて、両電気の間に電気的な力が働くのである。このようにして生じた電気現象は「静電気」現象と呼ばれている。

正イオンの集団と電子の集団との間には互いに引き合う電気力が働くが、この力の強さは相互の距離の2乗に逆比例する性質を持つので、両者が近ければそれだけ電気力は強くなり、互いに引き合う。それらが引き合いながら、ついにはぶつかって、正負の電気が混ざりあい、中和する。このときに発せられる光が雷光という現象なのである。

また、例えば正の電気を大量に含んだ雲が上空にやってきたとき、その直下の大地の表面には負の電気が集まってきて、これら正負の電気の間に電気的な力が生じる。この現象は先ほども述べた「静電誘導」と呼ばれている。

この電気力が非常に強く、正負の電気を持つ粒子群が互いに引き寄せられ、ぶつかりあって中和するとき、放電現象を引き起こす。このときは、大地の表面から、あるいは表面に向かって放電から生じた光の筋が観測される。

こうした雷のほかにも自然の中には電気現象がたくさん見られる。

例えば、昔からよく知られている現象に「セント・エルモの火」と呼ばれる放電現象もある。これは、海が荒れているようなときに、帆船などのマストの先に火花が飛ぶ現象である。これも大気の乱れにともなって何らかの理由で正負の電気の分離が発生して、放電現象が起きるものである。

また、火山が噴火して噴煙が噴き上げられたときや、大きな地震の際にも震源の上空の大気中で放電現象が発生することも知られている。

電流の正体とは

電気を帯びた電子や、正か負のイオンが空間中をある速さで移動すると、電気の流れ、すなわち電流が生じる。私たちが家庭で利用する電流はすべて電子が担っている。

イオンは電子に比べれば非常に重いので、これらのイオンを加速し、動かすためにはより長い時間がかかってしまう。そのため、家庭配線では、電子による電流が利用されてい

図29　電流と磁場の関係

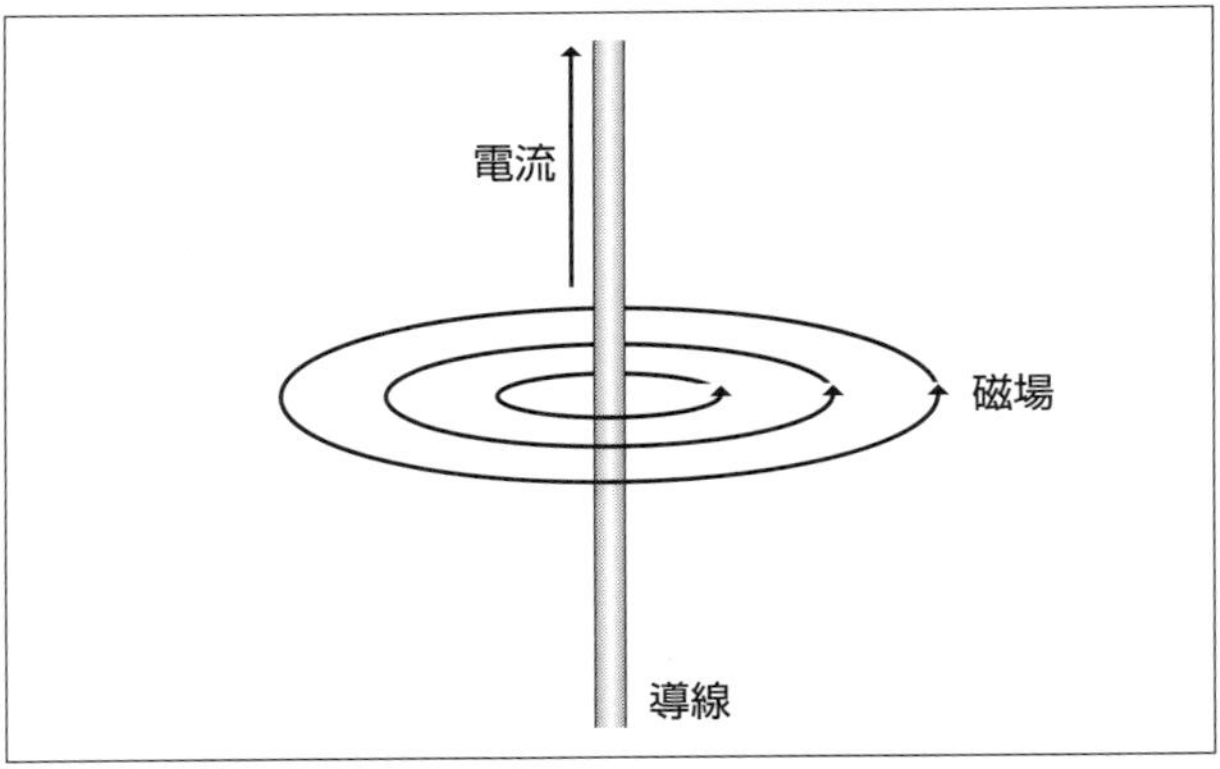

導線に電流を流すと、導線のまわりに円状に磁力線（磁場）が形成される。1818年にエルステッドが発見した。

る。そして実は、電子はマイナス極からプラス極に流れるものである。

ただ、電流の正体が電子の流れであると判明したときにはすでに、電流はプラス極からマイナス極へ流れるものと決めてしまっていたため、電子の流れと電流の流れの向きは逆であるということになったのである。

導線に電流を流したとき、その導線の周囲にどんなことが生じるかについて、デンマークのエルステッド（H. C. Ørsted／１７７７〜１８５１）が、１８１８年に初めて気がついた。

導線の周囲には、それを取り巻くように磁場が発生していたのであった（図29）。彼は導線の近くに置いてあった磁石の磁針が振れるのを見て、実験と観察を重ねて、電流を流す導線の周囲に磁気作用が生じることを示したのであった。

電流がその流れの周囲に磁場を発生させるのなら、逆に、磁気の変動が電流を生みだしたり、そのもととなる電場を作りだしていたりするということはないのだろうか。このような発想をしたのが、ファラデーであった。

ファラデーは、導線を磁場を横切るように移動させたり、逆に導線のほうを横切るように磁石や磁場を移動させたりしたときに、導線内に電場が誘起され、電流が発生することを実験で確かめた。つまり、電場と磁場は、導線を間に挟んで、どちらかが変化することによって他方が作りだされるということである。

導線が磁場の中を移動すると、電場が生まれて導線に電流が流れる。電流が流れると、その周囲に新しく磁場が生まれる。こうした一連の動きを繰り返すことができれば、発電をすることができる（図30）。

このように、磁場と電場との間で時間的に次々と繰り返される変化はファラデーによって1831年に発見され、「電磁誘導」と呼ばれることになった。

図30　磁力による発電（交流発電機）

(a) 導線を磁場の中を移動させると、導線に電流が流れる

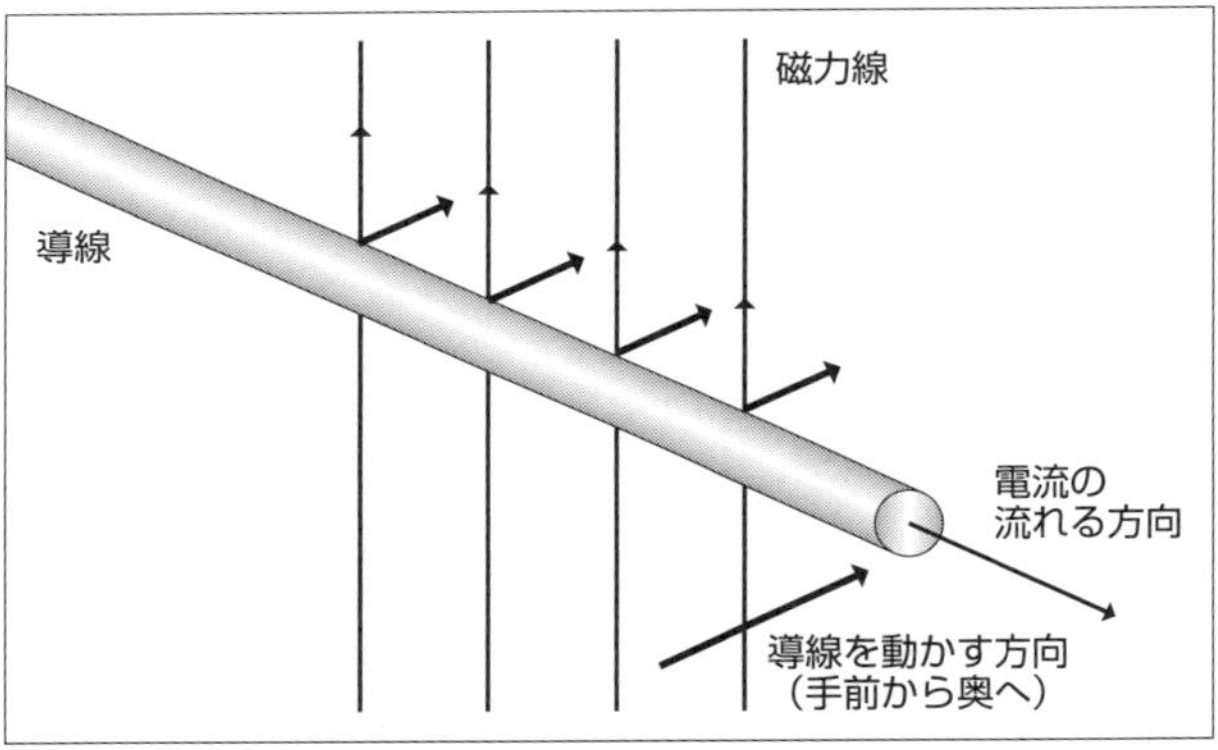

(b) 交流発電機のしくみ

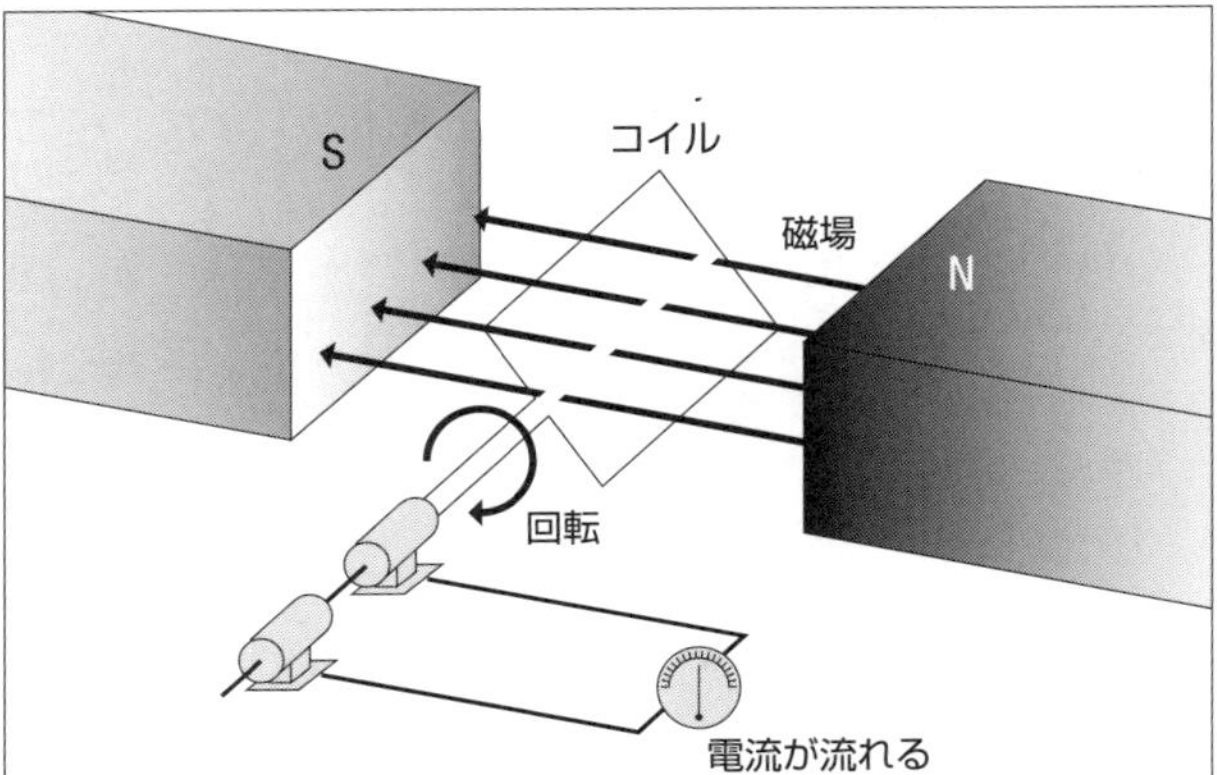

コイル状の導線を回転させ、導線が磁場の中を移動すると電流が流れる。逆に電流をコイルに流すと回転力が生まれる。これを利用したのがモーターである。

このとき、導線を輪のように閉じてつなぐと、この導線の輪の中を電流が向きを次々と変えながら流れるようになる。こうした電磁誘導の働きが、現代の私たちが日常生活に利用している交流の発電機の発明につながっていくのである。

さらに、テレビやラジオなどのアンテナも、この原理を利用している（図31）。アンテナとなる導線に交流の電流を流すと、アンテナの周囲では、この電磁誘導の振動的に変化する働きによって、電場と磁場が時間とともに交代する状態を作りだすことになる。このとき、導線のごく近くでは、電場と磁場が次々と交代して発生しながら、この2つの場が周囲の空間に押し広げられていくことになる。

これが、アンテナから電磁波（電波）が放射されていく現象なのである。放送局からの電波を家庭のアンテナが受信するときには、逆の現象が起きている。電波の電気成分、つまり電場が、家庭のアンテナの導線中に電流を発生させ、これによりいろいろな情報が受信できるのである。

図31　アンテナが電波を伝えるしくみ

(a) 電波を発するしくみ

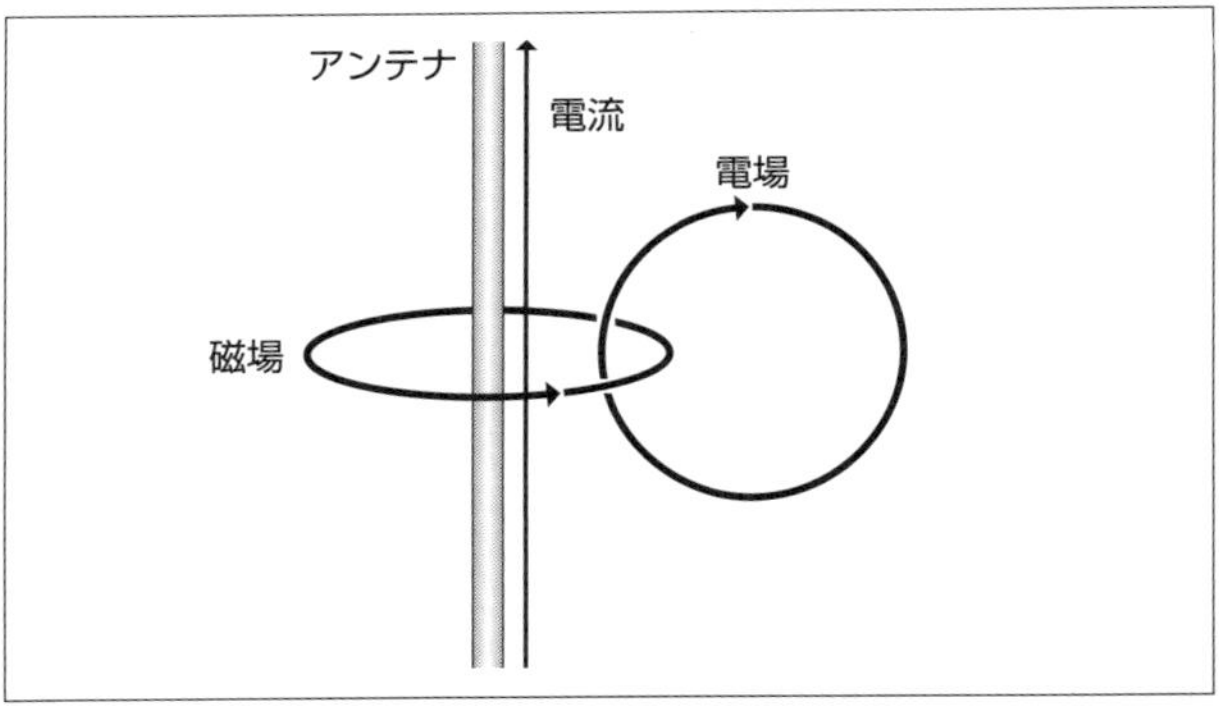

アンテナに電流（交流）を流すと、そのまわりに磁場が生まれ、その磁場の変化が電場を生む（電磁誘導現象）。

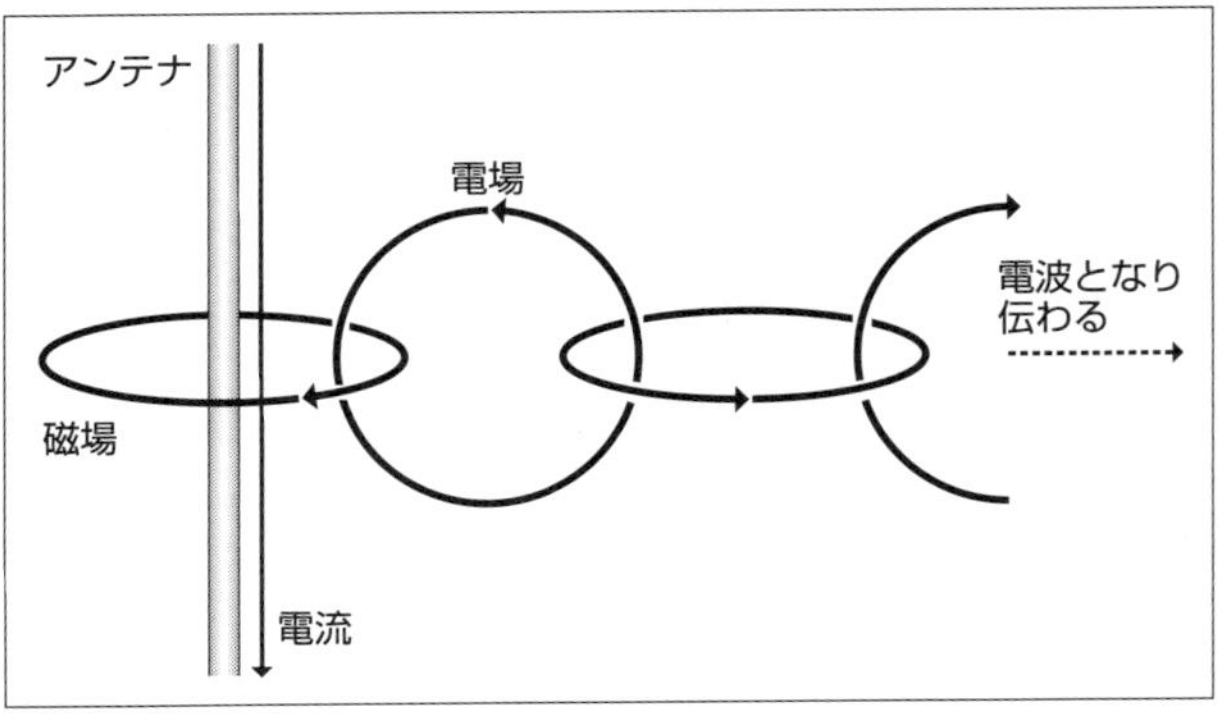

交流なので電流の向きが変わると、誘導される磁場の向きが変わる。この繰り返しが電波となって伝わっていく。

さまざまな光の形態——電磁波と波長

先に見たように、電磁波とは、電場と磁場が交互に入れ替わりながら、空間中を伝わっていく波動である。アンテナ中を流れる電流の向きが交互に替わるたびに、電場と磁場がそれに応じて変動して向きが入れ替わり、それが外部の空間へと伝わっていく。この入れ替わる時間を周期とした電磁波が作りだされることになる。

このようにして、電磁波の電気成分である電場と、磁気成分である磁場とは、互いに直交する形に形成される。形成された電磁波が空間中を伝わる速さは一定で、これが光速度と同じなのである。

この電場と磁場の形成の繰り返しが、1秒間に何回行なわれるのかという回数が、周波数（振動数）といわれる数値である（単位はヘルツで表わされる）。電磁波の速さは1秒間に30万キロメートルほどだから、この距離を周波数で割れば、1つの波の長さ、つまり波長が求められることになる。

電磁波の周波数と波長にはいろいろなものがあるが、この波長が約400〜800ナノメートル〔nm〕・1ナノメートルは10億分の1メートル）の電磁波が私たちの眼に見える可視光である。このような短い波長範囲に、紫から赤までの光が含まれている。

可視光より波長が短い、１００〜４００ナノメートルの光が紫外線、１〜１００ナノメートルの光がエックス線である。中でも、１〜10ナノメートルのエックス線は、私たちの皮膚に当たると、皮膚を焼いてケロイド状にしてしまうほど危険なものである。レントゲン写真を撮影するのに使用されている医療用のエックス線は、１００ナノメートル付近のものである。さらに、波長が1ナノメートルより短い光はガンマ線と呼ばれ、これに曝《さら》されると、私たちの細胞は瞬間的に破壊されてしまう恐ろしい光である。

可視光は、波長の大きいほうから順に、赤・橙・黄・緑・青・紫の色に見える。これらの光の中で、赤と緑、青と橙のように反対色といわれる光が同じ強さで混ざり合うと、無色透明な光となる（図32）。この光を私たちは白色光と呼んでいる。ちなみに、昼間に見える月が白いのは、月の橙色が空の青色と混ざり合うからである。

では、絵具やクレヨンなどの色が同じ割合で混ざり合うとどうなるのだろうか。赤と緑の絵具を混ぜ合わせるとほぼ真っ黒になってしまう。この事情は橙色と青色の絵具の場合でも同じである。

図32　光の混合と反対色

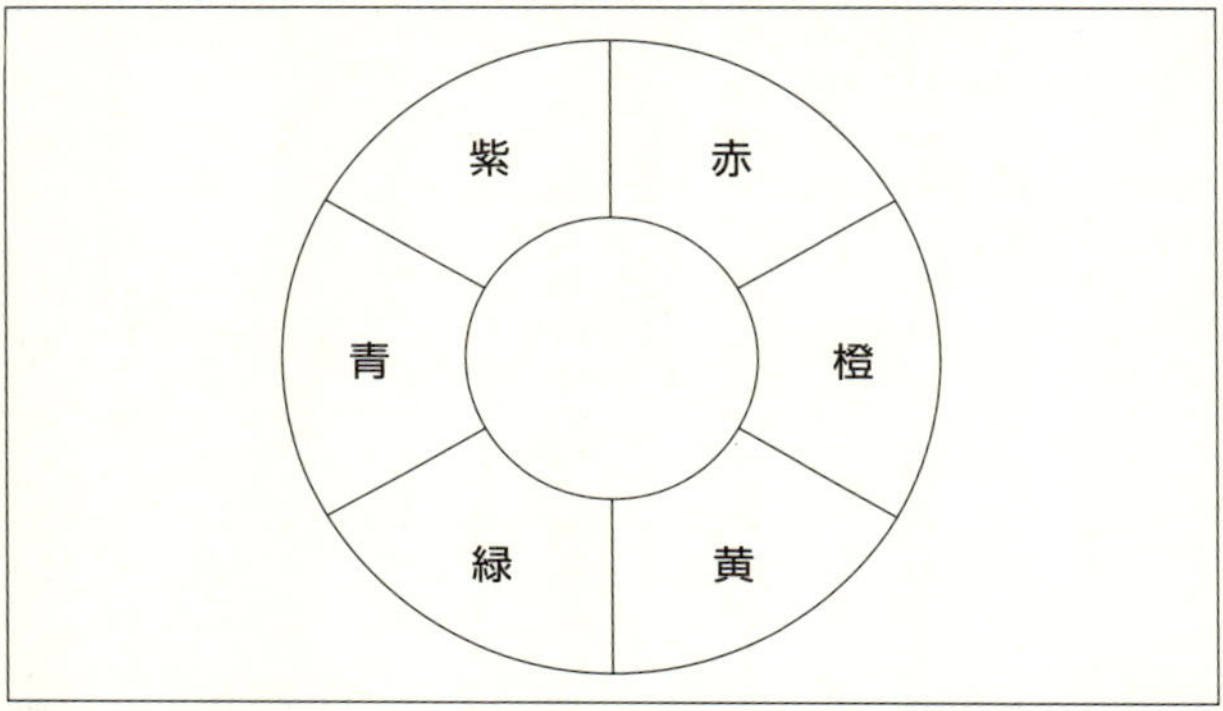

正面に向きあう光の色は互いに反対色であり、同じ強さで混ぜると無色透明の白色光となる（絵具やクレヨンなどでは混ぜると真黒になる）。

この違いは、自然光が当たったときに、例えば青の絵具ならば青色、赤の絵具ならば赤色の光を最も強く反射することにある。赤と緑の絵具を混ぜ合わせると、それぞれの反対色の色まで反射されなくなってしまうので、色が黒くなってしまうのである。

さて、光の波長の話に戻ろう。可視光でいちばん波長の長い赤色の光よりも、すこし波長の長い光が赤外線と呼ばれる。これは暖房器具などでもおなじみだが、この光が私たちの皮膚に当たると、皮下の物質に吸収され、そこが温かく感じられるのである。

赤外線よりさらに波長が大きく、ミリメートルからセンチメートルの単位、さらにメートルとなっていくと、電波と呼ばれる領域になる。この電波は、先に説明したように、ラジオやテレビ、無線通信などさまざまな領域で利用されている。

現代では、地球上の離れた場所の間での通信だけでなく、スペースシャトルや宇宙探査用ロケットなど、宇宙空間との通信もすべて電波を使って可能となっている。宇宙空間の遠いかなたを飛んでいるロケットから、ごく弱い電波で精密な通信が可能となって初めて、現代の「宇宙時代」とも呼ぶべき状況がもたらされた。それにより、私たち人類が持つ、宇宙についての知識は急速に拡大しており、今後もこうした動きは加速していくことだろう。

第7章

物質は究極的には何からできているか

——素粒子物理学の世界

物質の最小単位を求めて

古代ギリシャの哲学者アリストテレスは、この自然界を作る物質には4種類の元素——地・水・火・風（空気）があるとして、それらで自然現象のすべてを説明しようと試みた。

また、ローマ時代の詩人にして哲学者であったルクレティウス（Lucretius／前94頃～前55）は、自然は基本となる物質粒子から成るとして、自然に対し現在の原子論の構想と同様の見方を持っていた。彼の著作である『事物の本性について（De Rerum Natura）』は、後世に大きな影響を及ぼしたのであった。この本は今読んでも、教えられることがたくさん含まれている。

古代ギリシャにも、ルクレティウスの先駆者とみなしてよい哲学者たちがいる。エンペドクレスに始まり、レウキッポスやデモクリトスらが、宇宙の成り立ちを原子論的な立場から解釈することを試みた。彼らの先駆者には、ターレスがおり、彼は自然界にある物質は、すべてが水から成るとの立場をとり、後のアリストテレス他の哲学者たちに大きな影響を及ぼしたのであった。

そこから時代は下って、現在の私たちが持つ原子や分子の概念は、18世紀末にイギリスのドールトン（J. Dalton／1766〜1844）によって確立された。同時代に生きたフランスのラヴォアジェ（A. Lavoisier／1743〜1794）にも同様の構想があったことが知られている。

彼らは、物質には基本的な粒子である元素（element）と名づけられる物質が存在し、また、化学反応の前後では質量が保存されることから、それらの元素が化学反応を経ても保存されることを見出していた（図33）。

その後、元素（原子）にもさらに基本となる物質粒子が存在し、陽子と電子から構成されることが19世紀の終わり頃に示された。さらに、もう1つの原子の構成要素である中性子の存在が確かめられたのは、1932年とずいぶんと新しい。

原子は、原子核を中心として、周りを電子が回っている。その原子核は、それぞれいくつかの陽子と中性子からできているのである。

さらに、いくつかの原子が結合して分子をつくる際に、どのようにエネルギーのやりとりが行なわれているのかも明らかにされていった。

正の電気を帯びた陽子と負の電気を帯びた電子との間には「クーロン力」と呼ばれる引

力が働き、互いに引き合いながら、両者の釣り合いが成り立つ地点で電子が回転するようになる。その中で、陽子と電子が1個ずつという最も基本的なものが水素原子の姿である。

しかし、この電子・陽子・中性子の上にも、さらに小さな単位があるのではないかと考えられるようになっていく。そして、この自然界の物質を構成する究極の最小単位である「素粒子」と呼ばれる物質粒子の存在が明らかにされたのは20世紀に入ってからのことで、ごく最近のことであると言ってよい。

こうした素粒子の働きがわかってくるのには、第6章で見てきた電磁波の放射と吸収のメカニズムについて、まず明らかにされなければならなかった。

宇宙のさまざまな物質から放射される電磁波

第5章で、温度を持つものはどんなものでも、その温度（絶対温度の4乗）によって決まる電磁波のエネルギーをその表面から外部の空間へ向けて放射しているということを見た。

図33　物質の最小単位を求めて――分子と原子

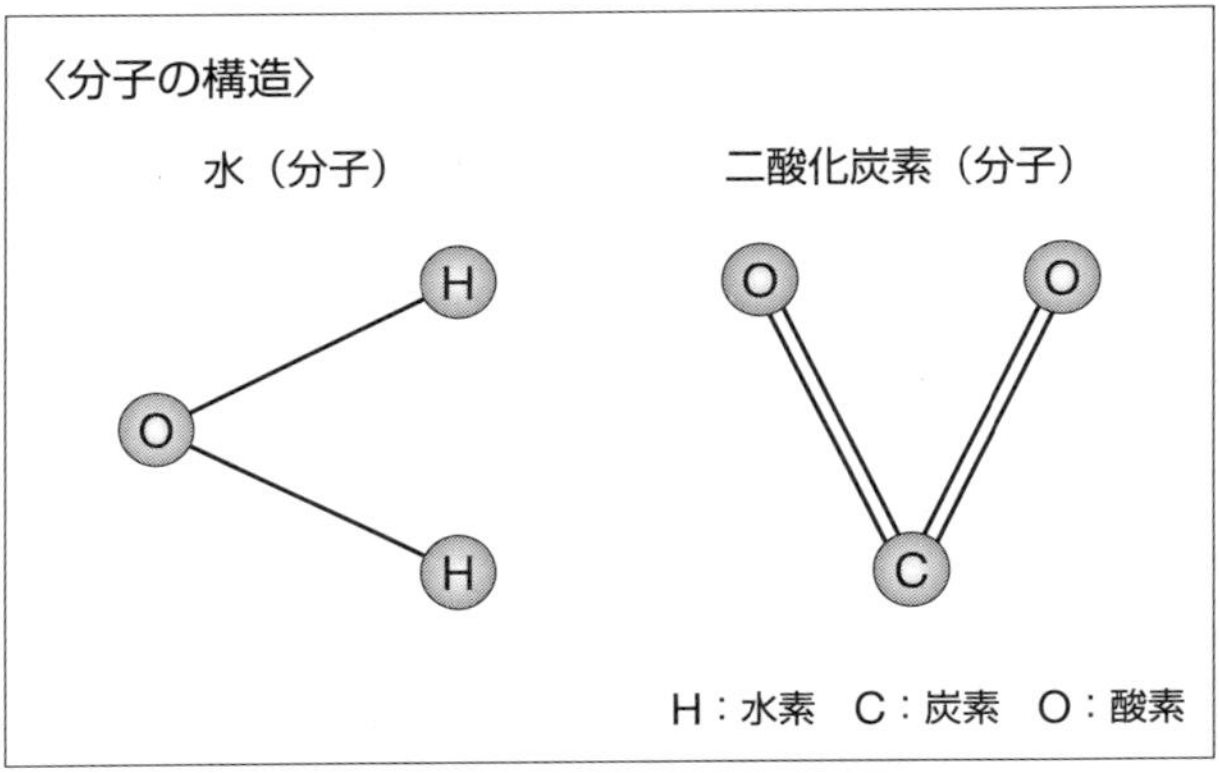

いくつかの元素が化学的に結合して分子を作る。

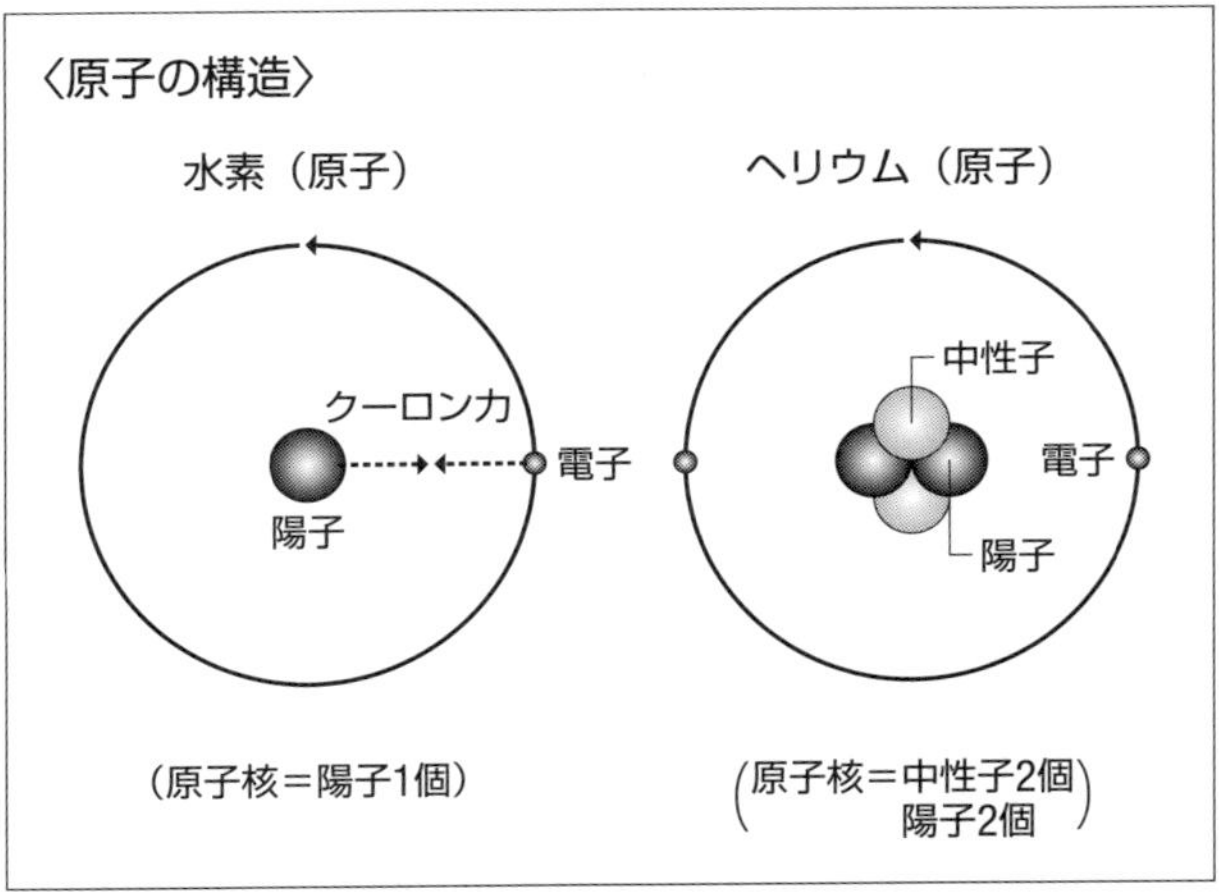

それぞれの元素（原子）の構造は原子核のまわりを電子がまわっている。原子核は陽子と中性子からなる。

さらに、電磁波を放射することのできるものはすべて、電磁波を吸収することもできる。この放射と吸収との間には、その効率についてある一定の関係のあること（絶対温度によって決まる）が、19世紀半ばにキルヒホフ（G. R. Kirchhoff／1824～1887）により示された（キルヒホフの法則）。

現在では、この宇宙全体から放射される熱放射が観測されており、その結果、現在の宇宙全体がその空間で平均して3K（ケルビン）程度と、超低温になっていることがCOBE《コービー》やWMAP《ダブリユマップ》などの科学衛星による観測結果からわかっている。

創造直後の宇宙は、10の32乗Kと超高温であったことも、観測結果は示しており、宇宙創造時に「インフレーション」と呼ばれる急激な大膨張が起こったことを私たちに伝えてくれているのである（図34）。

この結果は、宇宙の膨張とともに、宇宙空間の温度が下がったことを示しており、そうしたことから、この宇宙が誕生してから、135～139億年（平均では137億年）がたっていると求められている。科学によって私たちの宇宙の年齢までわかってしまっているのである。

図34　宇宙の誕生と物質の創生

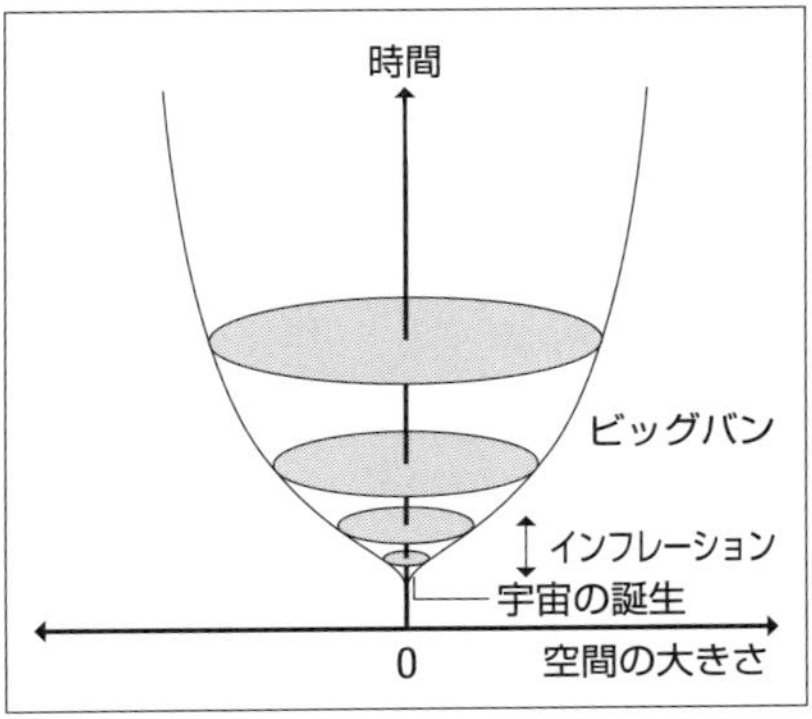

宇宙全体からの熱放射を観測することにより、宇宙の創造直後のインフレーションによる急膨張が起きたことがわかった。

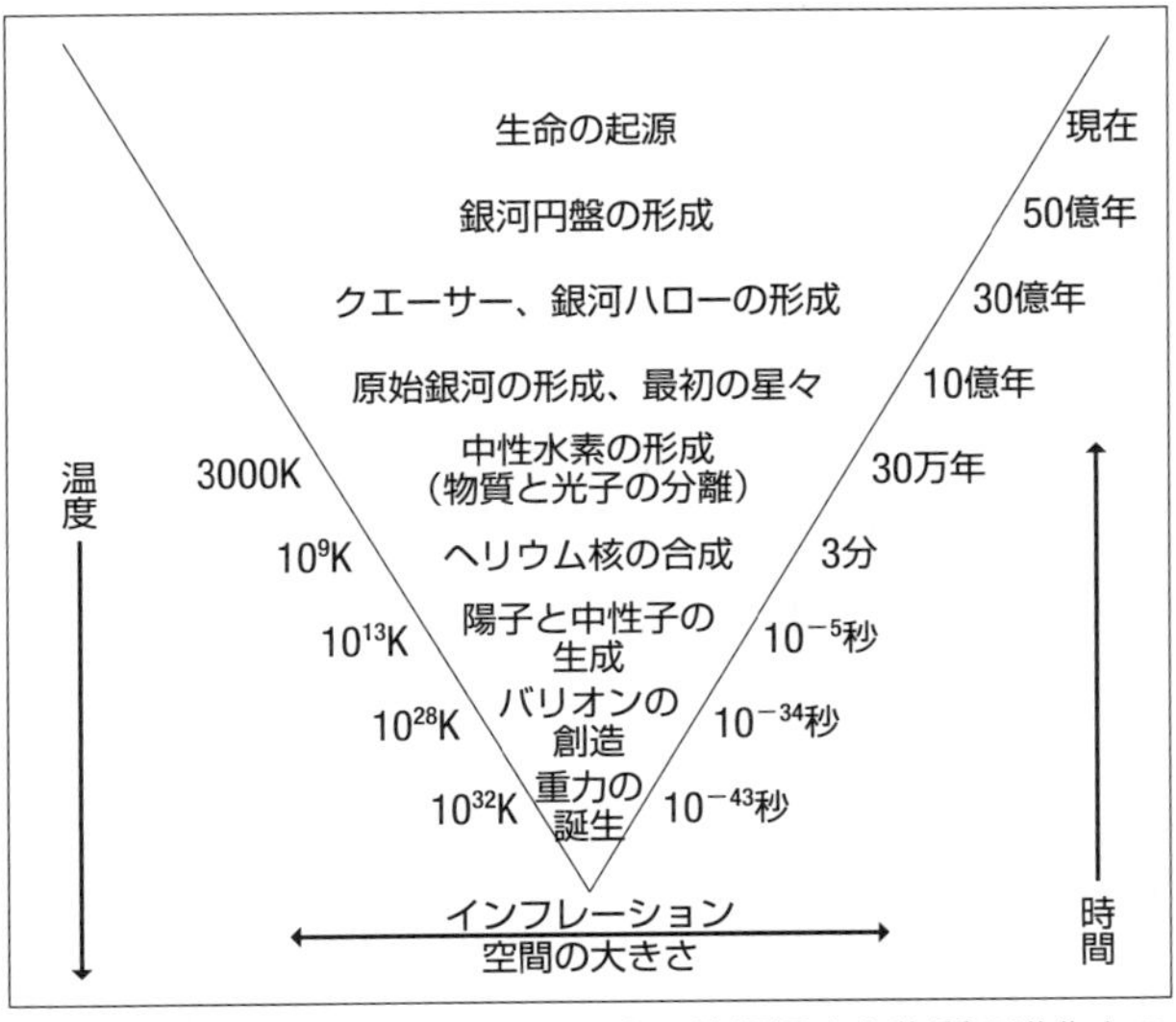

宇宙の創造以後の物質の進化。宇宙の等価温度と物質の進化とのかかわりを、大事な出来事を中心に示す（レダーマンほかによる）。

では、この熱放射と呼ばれる機構から放射される電磁波のエネルギーは、どんな性質を持っているのだろうか。

この電磁エネルギーの放射はあらゆる波長域にわたっているのだが、その特性が温度によって大きく変化する。温度が高くなるにつれて放射の強さは増加していき、それと同時に放射が最も強い波長が短くなる性質を持っている。

例として星からの光を取りあげてみると、太陽の表面の温度は約6000Kで、最も強く放射される電磁波の波長は可視光の領域にある。真昼の太陽が少しだけ黄色っぽく見えるのは、太陽の光球温度において最も強く放射される電磁波の波長が、黄色の領域であることによる。

表面温度が太陽の2倍ほどあるおおいぬ座のシリウスでは、紫外線領域の放射が最も強くなっており、逆に表面温度が太陽の半分（約3000K）のオリオン座のベテルギウスでは、赤外線領域での放射が最も強くなっている。ベテルギウスが赤っぽく見えるのは、可視光の領域でも紫側より赤側が相対的に強いからである。

電磁波、いいかえれば光は不思議な性質を持っており、通常は波動の性質を持っていながら、エックス線やガンマ線のように周波数が極端に大きくなると粒子としての振る舞いが目立つようになるのである。このような粒子性をアインシュタインは光量子（光子）と呼んだのであった。

昔、ある詩人がこの自然世界を「光の宇宙」と表現していたように記憶しているが、光があるからこそ、また、その光を見ることができるからこそ、私たちはこの自然の中で日々の生活を営んでいけるのである。

私たちが直接見ることのできない紫外線、エックス線、赤外線、電波なども、電磁波を感知するさまざまな道具を発明することによって、〝見る〟ことが可能となった。そのことが、私たちの生活に、無限といってもよい可能性を与えてくれているのだ。

「量子」という概念が物理学の名前を変えた

熱放射というごくありふれた物理現象において、電磁エネルギー放射の強さが、連続的に波長とともに変わっていくという観測事実の解釈について、この事実を理論的に説明することは不可能なことが19世紀末に物理学者たちによって示されていた。

当時の物理学者たちの多くにとって、なぜ説明できないのかは大きな謎で、絶対温度を提唱したケルビン卿は、このことを物理学の前途に立ちはだかる〝暗雲〟の1つにたとえたのであった。

もう1つの暗雲は、光速度はこれを観測する人が一定の速度で運動していようがいまいが、それに関係なく一定であるという観測事実であった。前にも述べたように、こちらは、アインシュタインが提唱した特殊相対性理論により、見事に解決されたのである。

これと対照的に、熱放射の機構については、放射される電磁波のエネルギーは、ある単位から成る「塊」として振る舞うのだという事実が、すでに述べたように1900年の暮れに、プランクによって初めて示されたのであった。

放射される電磁波のエネルギーの大きさは、その周波数によって決まり、それに掛かる比例定数（h）がある特定の大きさであることがわかった。この比例定数は現在、プランク定数として知られている。その大きさは、6.626×10^{-34}［J・S］と非常に小さい。

電磁波のエネルギーは、ひと塊となって光速で伝わることが明らかになった。この〝塊〟を「エネルギー量子」と表現している。

さらにアインシュタインは１９０５年に、光は「光量子（光子）」というひと塊として空間中を光速で伝わるという考えを示した。光は電磁波であると同時に、粒子のような振る舞いを見せることから、光子は素粒子の1つであるとされている。これは前に述べたとおりである。

こうして、電磁波のエネルギーの伝達を解明するには、見かけ上は質量を持たないが、エネルギーを運ぶことのできる物質の存在が理論的に要請され、それが「光量子」あるいは「光子」と呼ばれる素粒子であるということが確認された。

このことが、従来の物理学の概念とはまったく異なる「現代物理学（Modern Physics）」と呼ばれる学問領域の誕生への道を切り拓いたのであった。

ただ、19世紀終わりまでの物理学が使えなくなったわけではなく、現在でも適用できる分野ではそのまま利用されており、「古典物理学（Classical Physics）」と呼ばれている。ガリレオやニュートンが研究した力と運動に関わる学問は、現在でも私たちの日常生活の中で活かされているのである。

中性子、そして素粒子の発見へ

陽子と電子は19世紀末に発見されていたが、1932年になって中性子と呼ばれる電気的に中性な物質を構成する基本粒子の1つが発見され、原子核の構造が明らかになった。だが、原子核の構造がこれら3つの基本粒子の間で働く、どのような相互作用によりできているのかについては、中性子が発見された直後にはわからなかった。

1935年に入って、湯川秀樹《ゆかわひでき》（1907〜1981）が陽子と中性子の間に働く力について、この力の働きを担う素粒子の存在を理論的に予言し、その2年後に、この素粒子が壊れて生成されるミュー中間子（ミューオン）が発見され、湯川の予言は正しいものと推測された。だが、湯川がその存在を予言していたパイ中間子（パイオン）が実際に発見されたのは、1947年で、予言されてから12年後のことであった。

パイオンは10のマイナス8乗（1億分の1）秒という短い時間でミューオンに自然崩壊し、このミューオンは10のマイナス6乗（100万分の1）秒という短時間で壊れて電子となる。

電子は自然界では安定的な素粒子なので、ここで崩壊は終わり、この崩壊の過程で「ニユートリノ」と呼ばれる素粒子も生成される。このような不思議な現象が物質の究極構造では起こっているのである。

余談だが、湯川秀樹博士にまつわる思い出話を1つ語らせていただきたい。

京都大学理学部の学生だった私は、湯川教授による「量子力学」の講義に出席した。たしか最初の講義でのことだったが、教授は私たち学生に向かって「みなさんは良い成績が好きでしょう」とニヤリとしながら言われた後で、「私はみなさんすべてに、優をあげます」と続けられたのであった。

昔はこんなことが許されたのであるが、そのようなわけで、この講義の成績は私も優である。とはいえ、私は1回も休んだりしなかった。

この講義のときに言われて私の心に強い印象として残ったのは、「勉強はみなさんがするのです」という言葉であった。

この後に詳しく説明するが、私たちが日常生活で出会う多種多様な物質は、その基本構造または究極の構造をたどれば、陽子、中性子、電子を中心として、それらの間の相互作用に関わるパイオンやミューオンのほか、いろいろな素粒子が存在する。

この現実世界を構成する物質と基本の構造が裏返った世界を構成する素粒子群の存在が、現在では明らかにされている。これらは「反物質（antimatter）」の世界と呼ばれている。

中性子を単独に取りだして放置しておくと13分くらいの寿命で、ベータ崩壊と呼ばれる放射性崩壊の現象を起こし、陽子に変換されてしまう。このとき、電子も同時に創生される。また、電子ニュートリノ（実際には、反電子ニュートリノだが）と呼ばれる極微の素粒子も生まれるのである。

今見たように、電子には反電子（または陽電子）、陽子には反陽子、中性子には反中性子が対応して存在する。反陽子の質量は陽子と同じだが、電荷は負になっており、陽子と逆になっている。中性子は電荷を持たないが、内部のスピンと呼ばれる物理量が逆になっているのである。

パイオンやミューオンにも、当然のことだが、反粒子と呼ばれるものが存在する。これらの反物質粒子は、質量は不変だが、物質粒子と電荷その他の物理量について、反対の性質を持っているのである。

不思議に感じられるのは、私たちや私たちを取り巻く世界が、なぜ物質世界から成り立っているのかということである。

反陽子とか反電子（陽電子）とかいった反物質は、高エネルギーの物理現象を作りだせる加速装置の中でのみ、この現実世界において作りだすことができる。だが、私たちの生活空間の中には、反物質世界のものは一切存在しない。

このような現実世界ができあがったのは、一体なぜなのだろうか。

この疑問に対しては、「わかりました」とはまだ言えないのが、現在の研究状況である。これについては、宇宙の創造についての疑問が解けるときに明らかになるのであろうと推測されている。

こうした疑問についても、これから研究が進められ、やがて解決されていくのであろう。若い将来ある人たちにとっては、大切な研究テーマの1つとなるはずだと言えよう。

物質の究極構造――クォークとは何か

では、ここで物質の究極構造について現在ではどのように理解されているのかについて、現代物理学が到達した状況について眺めてみよう。

物質の究極構造を探る研究は、世界中のいろいろな研究者によって進められてきた。その手法は、物質を細かく壊すことでできたさまざまな素粒子を、加速器と呼ばれる装置を用いて高エネルギーになるまで加速し、水素ガスなどの標的となる物質に衝突させることで生成される、新しい未知の粒子を調べるというものである。

このような研究により、物質の究極構造は、私たちが素粒子として想定してきたものより、さらに微細な、〝究極の素粒子〟とも呼べるものから成ることが明らかとなった。それらはクォーク（quark）と呼ばれる粒子である（図35）。

だが、クォーク間を結びつける力を媒介するグルオン（gluon）と名づけられる粒子の力があまりに強く、現在でもクォークを1つずつ分離することには成功していない。

クォークは2個ずつ対をなし、そうした対が合わせて3組存在することが、現在では明らかにされている。それらは、それぞれ「世代」と呼ばれており、第1世代はuクォークとdクォーク、第2世代はcクォークとsクォーク、そして第3世代はtクォークとbクォークと名前がつけられている。この宇宙の物質を形作る基礎には、これら6種類のクォ

図35　物質の究極構造——クォークとレプトンとは

〈原子核の構造〉

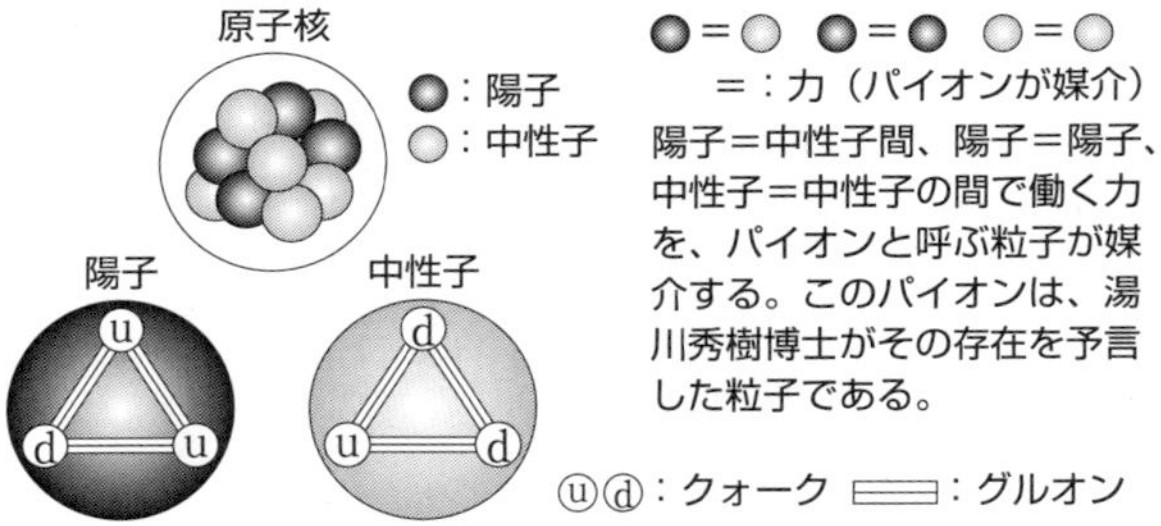
原子核
：陽子
：中性子
陽子
中性子
u
d
u
d
u
d
＝
＝
＝
＝：力（パイオンが媒介）
陽子＝中性子間、陽子＝陽子、中性子＝中性子の間で働く力を、パイオンと呼ぶ粒子が媒介する。このパイオンは、湯川秀樹博士がその存在を予言した粒子である。
ⓤⓓ：クォーク
：グルオン

クォークどうしを結びつける力を媒介するのがグルオンという粒子である。

〈クォークとレプトンの種類〉

世代	I	II	III	世代	I	II	III
クォーク	u	c	t	クォーク	$\bar{u}$	$\bar{c}$	$\bar{t}$
	d	s	b		$\bar{d}$	$\bar{s}$	$\bar{b}$
レプトン	e^-	μ^-	τ^-	レプトン	e^+	μ^+	τ^+
	ν_e	ν_μ	ν_τ		$\bar{\nu}_e$	$\bar{\nu}_\mu$	$\bar{\nu}_\tau$

2個のクォークとそれに対応する2個のレプトンの1組が「世代」と呼ばれており、この世代が3つある。それぞれに、逆の電荷を持つ反物質（反クォーク、反レプトン）が存在する。

〈自然界における力の働き（素粒子）〉

強い力	グルオン
電磁力	光子
弱い力	ウィークボソン
重力	重力子（グラビトン）

ークがあり、それらが物質の究極構造を作りあげることが明らかにされている。

これらのクォークの中で、u、c、tはこの順に質量が大きくなる。また、これらは正の電荷を持ち、その電荷は陽子の3分の2と端数になっている。一方、d、s、bと名づけられたクォークも、この順に質量が大きくなる。これらの電荷は負であり、陽子のマイナス3分の1と、やはり端数となっている。

例えば、陽子は、2個のuクォークと1個のdクォークが、グルオンという力を媒介する素粒子によって強力に結びつけられて作りあげられている。また、中性子は、1個のuクォークと2個のdクォークがグルオンによって結びつけられている。

このようにクォークが2個ずつ対をなして3世代を形成しているのに対し、それぞれレプトンと呼ばれる粒子が2つずつ対をなして存在し、それぞれの世代を作りあげている。これらの第1世代から第3世代まで順に、レプトンが2つずつついて、(電子、電子ニュートリノ)、(ミューオン、ミュー・ニュートリノ)、それに(タウ粒子、タウ・ニュートリノ)がクォーク群と対をなすように存在している。

物質の究極構造は、こうした6種類のクォークと同じく6種類のレプトン、さらに、それらの間に働く力を媒介する4種類の素粒子から成り立っている。

力の働きを担う素粒子には次のようなものがある。クォーク群を結合させるのに強力に作用する〝強い力〟を持つのが「グルオン」、放射性崩壊などを引き起こす働きをする〝弱い力〟を担うのが「ウィークボソン」であり、また、電気や磁気の力は「光子」が、自然界の中で最も弱い力の働きを示す重力は「グラビトン（重力子）」が媒介していることが明らかになっている。

宇宙の進化の過程で、これらの物質の究極構造となる粒子群が作りだされ、この宇宙を構成してきたのである。

とてつもなく小さな創造時の宇宙は、一種の膨大なエネルギーの塊であり、それが時間とともに急激に膨張し、周囲に空間を生成しながら、これらの粒子群は生みだされた。この膨張過程がインフレーションと呼ばれていることは前述のとおりである。

この空間の中で、物質の進化が起こり、地球のような天体上には生命が創造され、その結果、私たちのような人類も生まれたのである。

私たち1人ひとりは、こうした星を作っている物質と同じものからできあがっていると考えると、私たちが夜空にきらめく星々を見て、遠くの世界に対してある種の感懐を覚えるのにも納得がいく。

宇宙への郷愁、これがもしかしたら地球上に生命が創造され進化してきた原動力なのかもしれないなどと、少しばかり感傷に浸るのも当然のことなのかもしれない。

素粒子を〝見た〟人はいない――不確定性原理とは

ここまで説明してきたように、現代物理学は物質の究極構造、すなわち私たちの周囲に広がる自然界がどのような基本物質から構成されているのかを明らかにしてきた。だが、これらは理論上明らかになったことであって、これらの素粒子が実際にどのような姿をしているのかを眺める手段はあるのだろうか？

このように言うと、〝見ることができた〟からこそ物質の究極構造が明らかになったのだろうと思われるかもしれない。

ここでは、物質の究極構造といったミクロ（極微）の世界を見るために研究者たちがどのように工夫して仕組みを考えたり、実際に見る試みをしてきたのかについて考えてみたい。

例えば、電子の大きさを調べるには、電子に光を当てて、その光がどのように電子によって散乱するのかを見ればわかるはずである。ただ、電子は非常に小さいので、電子の大きさより短い波長の光を当てなければ、光が電子を素通りしてしまうのである。

前章で述べたように、光（電磁波）の波長の長さとエネルギーの大きさは反比例の関係にある。その結果、実際にはガンマ線のように大きなエネルギーを持つ光を当てなければ、電子の大きさを測ることはできない。

だが、ガンマ線のエネルギーは大きいために、それを電子に当てると、観測したい電子自体が跳ね飛ばされて、散乱してしまう。そのために電子の大きさを正確に測ることができなくなってしまうのだ。

一方、どれだけ跳ね飛ばされたかによって、電子の質量を測ることは可能だと考えられるかもしれないが、当たったガンマ線のエネルギーがどう変化したのかがわからなければ、これも正確に測ることはできない。

すなわち、電子などの素粒子の大きさや質量は「この範囲に収まる」程度のことしかわからず、正確に数値を出すことは不可能なのである。ミクロの世界では、このように私たち人間のサイズで起こる現象を観察するのとはまったく事情が異なるのである。

こうした事情は、1927年にドイツのハイゼンベルク（W. K. Heisenberg／1901～1976）が明らかにした。

もちろんこんな昔に実際に極微の世界を見られる装置があったわけではない。彼は、「ガンマ線顕微鏡」という架空の装置を考え、それを利用して電子の大きさを測るという仮想の実験を試み、先のような結論を導いたのである。これが、「ハイゼンベルクの不確定性原理」として知られているものである。

ただ、この不確定性原理はミクロの世界に見られる物理現象に限られるもので、スケールの大きな事象では決して起こらないことに注意する必要がある。

私たちが日常に経験するさまざまな物事に対する判断において見られる〝不確定性〟は、私たち自身の認識の甘さなどに起因するものであって、ミクロの世界の不確定性原理とは本質的に異なるのだということを理解しなければならない。安易に「人間認識における不確定性」などという言い方をしてはいけないのである。

第8章

物理学の本質を理解するとはどういうことか

——残された課題

物理現象は「時間と空間」の中で起こる

前章の最後で、この宇宙を作る物質の根源を成す究極の存在について学んだ。それは、クォークやレプトンという物質の究極の粒子群と、これらに働きかける力の作用を媒介するグルオン、ウィークボソン、光子、グラビトンといった粒子群であった。こうした基本的な粒子群が現実の自然世界を作りだし、それらがいろいろな物理現象を演出して、私たちに見せてくれているのである。

だが、物理現象が起こるには、この物質の究極構造だけでなく、この現象が進行する舞台となる空間と時間が存在しなければならない。3次元の空間と時間とから成る、いわゆる4次元世界の中で、物質がいろいろな働きを見せるのが、物理現象なのである。

ではこの時間と空間という物質がいろいろな振る舞いを見せる舞台は、元から存在していたのだろうか。

現在、多くの研究者に受け入れられている、宇宙の創造と進化を研究する学問である「宇宙論（Cosmology）」は、宇宙の創造とともに、時間と空間とが創生され、その中で物質が進化していくのだということを示している。そして、現在でも時間と空間とは拡大を続けている。

このことは、私たち１人ひとりが、宇宙の進化が刻む時間とともに生きているのだということを意味する。私たちは、宇宙の進化の最前線に立っているのだ。これは、見方によっては、私たちは宇宙の進化を担う存在なのだということにもなる。

このようなことを考慮しながら、自然界の成り立ちと、そこで起こる物理現象に対する理解とはどういうことなのかについて、あらためて考えてみることにしよう。

物質の存在しない世界は考えられるか

前述のとおり、現在の宇宙論は、宇宙の創造とともに物質も創造されたことを示している。

このことは、たとえ物質の存在しない世界というものがあったとしても、何の現象も起こらないのであるから、こんな世界は意味をなさない。したがって物質の存在と時間と空間、すなわち４次元空間があって初めて、自然現象が現実に起こることになる。

物質の究極構造ができあがったのも、この宇宙が物質の容れ物としての機能を果たしてきてくれたからである。

ではなぜ、このような宇宙が生まれたのだろうか。宇宙という存在は必然的なものとして、私たちの前に姿を見せているのだろうか。必然の存在という表現が正しいのだとしたら、宇宙は私たち人間のような生命体を生みだすことも必然だったのだろうか。

ここまでくると、生命の存在には何らかの理由があるのだろうかという疑問が生まれてくる。この本は、物理現象を扱うことを目的としてきたので、このような生命に関わった事柄については今まで一切考慮してこなかった。

しかしながら、生命現象もこの自然界で起こっていることなのだから、私たちが、この宇宙の創造と進化に関わっているこの生命について完全に除外してしまってよいということにはならないはずである。なぜなら、自然界を成り立たせている1つの要因だからである。

現代物理学が、今後さらに発展していった将来には、生命とそれが織りなす多種多様な現象も取り扱えるようになる時代が来るのだと推測される。

生命を分子レベルから研究することができるようになってから、すでに半世紀以上たっているが、分子の結合のしかたや分子間の反応、あるいは分子が作りだすいろいろな現象が生命に果たす基本的な役割など、現在では現代物理学の理論と研究方法に基づいて、いろいろな角度から研究できるようになっているのである。

このようなことを考えてみると、この宇宙に繰り広げられている多彩な自然現象はすべて、物質の究極構造を基礎に成り立つもので、その成り立ちを明らかにしようと試みているのが、現代物理学だということが納得できるであろう。

現代人はこのようなすばらしい学問を生みだしてきた。にもかかわらず、多くの人、特に若い世代が物理学をはじめとした理科系の学問へ近づこうとしないのは一体どうしてなのだろうか。私にはこのことが不思議に感じられるのだが、こうなってしまった理由の1つ、しかも最大のものは我が国の高校で使用される「物理」の教科書を見れば明らかであると、あえて私は言いたい。これらの教科書を読むとすぐに気づくが、物理現象の成り立ちについて、当たり前のように、簡単に数式を用いて説明してしまい、その現象が成り立っている真の意味を解説していないのである。

この本で今まで語ってきたように、数式に頼ることなく、どんな物理現象であっても、その成り立つ理由を理路整然と矛盾なく説明することから、真の理解はできていくのである。このことを忘れてしまうと、「数式で表わせば……」という言い方を簡単にするようになってしまい、物理現象の理解がいい加減なものになってしまうことにつながっていく。もちろん、物理現象を量的に見たり、複雑な解析をする場合などには数式は有効であるが、その前に現象の本質をつかむことが必要であり、これは研究者でも同じことである。

この宇宙の95パーセントは「暗黒物質（ダークマター）」から成る

物理現象には、それを引き起こす物質的な基礎が必ずあり、それなしにはたとえ容れ物としての時間と空間とが与えられたとしても、どのような現象も起こらない。このことは物理現象だけでなく、すべての自然現象に対しても成り立つ普遍的な原理なのである。

では、これで物理現象が成り立つ理由が完全に解き明かされてしまったのかというと、そうではない。

多くの人がどこかで耳にしたことがあるかもしれないが、この宇宙には「暗黒物質」あ

図36　宇宙の95%を占める「暗黒物質」

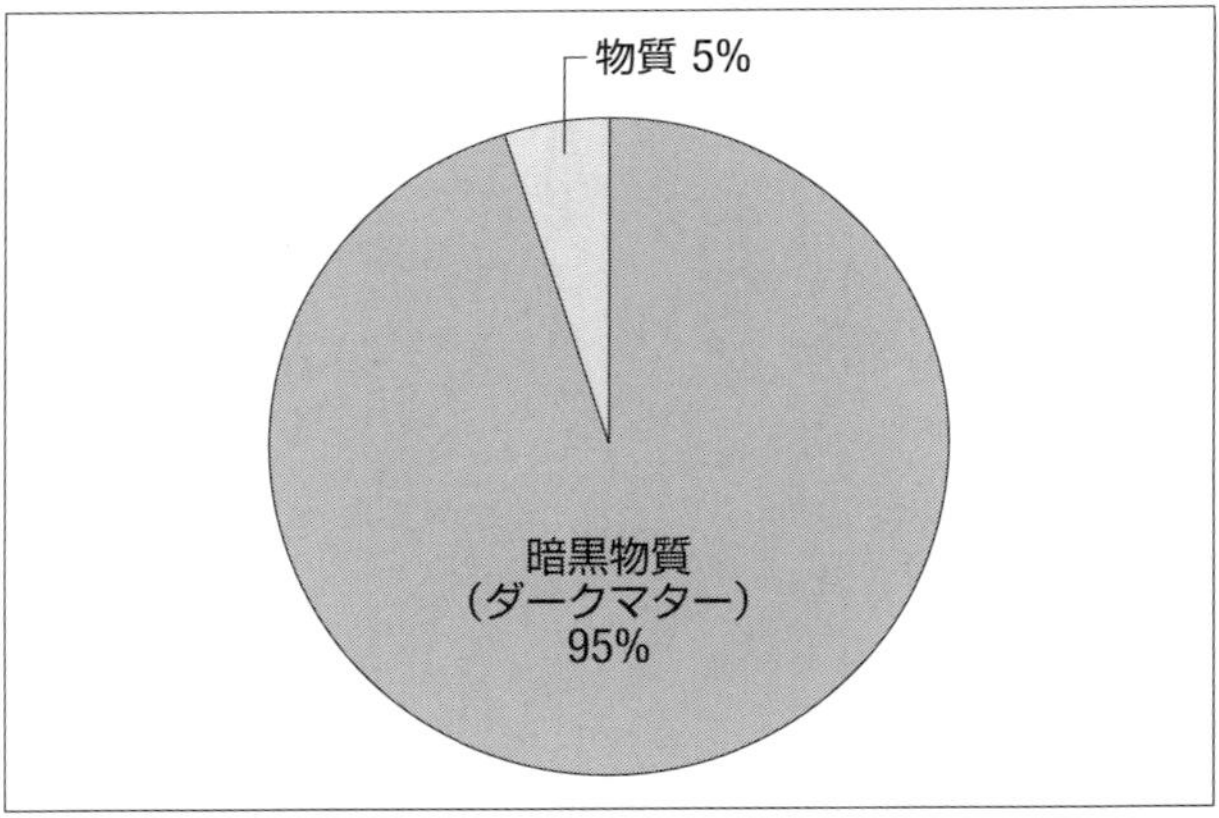

この宇宙の大部分を構成するのは暗黒物質（dark matter）か？

るいは「ダークマター（dark matter）」と呼ばれる、得体の知れない物質が広がっているものと考えられている（図36）。このような物質がこの宇宙に存在する可能性は、天の川銀河が回転していることが明らかにされてからまもなく指摘されていた。1920年代のことである。

例えば、太陽はこの銀河の中心に対して、それをめぐるような回転運動を行なっている。太陽は、天の川銀河の中心から約3万光年離れた空間に位置しており、星々やその空間に広がって分布するガスやチリなどの物質中を動いている。

地球が太陽の周りを回る速度は、自然落下

運動、つまり万有引力の関係から決まっていたのと同じように、太陽が天の川銀河の中心を回転する速度は、この銀河のそうした物質の質量の多少で決まってしまう。

だが、実際に観測された太陽の動く速度は、こうした星々やガス、チリなどの物質の量から予測されるよりも、ずっと速いものであった。

このことは、天の川銀河には、観測にかかっていない目に見えない物質が存在していることを示唆していた。このような目に見えない物質が存在していれば、それらの質量を含めた万有引力に抗《あらが》うため、必然的に運動速度が速くなるからである。

逆に考えて、目に見えない物質が存在しないのなら、太陽は銀河の外へ飛びだしていってしまうはずだ。

1920年代というこんな早い時代に、私たちが観測を試みても見つからない、目に見えない物質が存在すると示唆されたのも驚きだが、実際に現在の宇宙論は、観測から明らかとなったこの宇宙の成り立ちやその構造が維持されるためには、私たちに知られている物質以外に、重力の作用を担う目に見えない物質、つまり暗黒物質（ダークマター）が大量に存在しなければならないことを示しているのである。

その量は、私たちが観測から存在を明らかにできる物質に比べてはるかに多く存在しなければならず、この宇宙を構成する物質の少なくとも95パーセントほどは、暗黒物質とそれに起因するエネルギーであると考えられている。

現在、この暗黒物質を何とかして見つけ、観測しようとの試みが、世界中の研究者によってなされている。だが、その存在の証拠は、実験面からはまだ得られていない。

このように、物理現象を作る物質的基礎については、重大な未解決の問題が存在している。

とはいえ、物理現象はすべて、時間と空間とが作りだす容れ物の中で物質が何らかの振る舞いをして作りだすのであるから、この振る舞いに暗黒物質もからんでいるのだとすれば、いつかその正体が暴かれる日は必ずくるであろう。そうでなければ、物理学の進歩が止まってしまうことになる。

自然科学という学問は、物理学も含めて自然界に潜む規則性や法則性を明らかにしていくことを目的としたものである。

大事なことは私たちの周囲にあるごく当たり前に見える物理現象を１つひとつ解き明か

していくことにより、別の展望が開け、そこからさらに深い理解が進むことになることである。このように、自然科学、そして物理学は究極の真理へと向かって進歩を続ける学問なのである。

このことは、本書でもしばしば言及した、ガリレオ、ニュートン、アインシュタインらをはじめとした物理学の進歩に不朽の名声を刻んだ人たちによる物理学の歴史に照らしてみてもわかる。

もちろん、名前を知られることのなかった数多くの研究者が物理学の発展にとって大切な役割を果たしてきたことも忘れてはならない。このような人々の寄与があって初めて、今日までの進歩が達成されてきたからである。

物理現象を理解するとはどういうことか

しかしながら、物理現象の本質について理解することは容易ではない。本質まで理解できたと考えられた物理現象の中に、常に新しい胎動へと導く何かが隠されており、それを追い求め、研究していくことにより、物理学の最前線は広がりつづけ、新しい研究領域が開けていくからである。

実際、ガリレオが生きた時代には、物質の究極構造などについては思い至ることがなかった。それはニュートンの時代でも変わらない。

もちろん、彼が宇宙の構造について考えをめぐらせて著した書物の中には、物質が究極的にどうなっていたのかに思いを馳《は》せていたことも読み取れるが、当時はこの究極構造に迫るような実験技術などの手立てはなく、思弁的な段階にとどまらざるをえなかった。

しかし一方で、それは彼らの研究が間違っていたということにはならない。物質の究極構造にまで立ち入らなくても、古典物理学と呼ばれる分野では、ニュートンが作った理論で、自然現象を論理的に、整合性を持って説明することが可能だからである。

したがって、現時点における理解は、研究がさらに進むにつれて変更される可能性があることになる。

この点を踏まえてアインシュタインは、すべての理論はたとえ当座は研究の対象とした物理現象を説明できたとしても、それはあくまでも仮説であるといったのである。その仮説の妥当性が、その後の研究によって覆《くつがえ》ることがなく、正しいと認められたときに初めて、それが仮説から真理だと認められることになるのである。

このような事情を考慮して、哲学者のカール・ポパー（K. Popper／1902〜1994）は、物理現象の説明に当たって、1つでも反証例が見つかったらその理論は誤りだといった。こうしたことの積み上げから、今日の物理学という学問が建設されたのである。

それが1つの知的伝統となっているのは、物理学だけでなく、自然科学のすべての分野に当てはまる。そこにはこれで終わりといったことはなく、常に進歩をもたらす動機がついてまわる。ここに、自然科学の進歩における無限の可能性があるといってよいのではないだろうか。私はそうだと確信している。

私たちの暮らしを成り立たせている現代文明が、物理学をはじめとする自然科学の飛躍的進歩によってもたらされたことは歴史的な事実である。

人類が作りあげてきた歴史が今後どのような経路をたどるのかはわからないが、この世界が平和に維持されていくことができるならば、さらにすばらしい時代が花開くことだろう。

そのためにも、私たち物理学者の1人ひとりが、現代がこのような時代であること、そして物理学の本質がどのようなものかを人々に伝えていく義務があるのではないか。

本書で述べてきたように、物理学の本質は数式を使うことなく理解することが可能である。その本質とは何かについていろいろな角度から語ってきたのだが、本書を手に取られた方はどのように感じられただろうか。物理学の本質とそれを成り立たせている根拠について、私の意図が通じた点が少しでもあったとしたら、これほどの幸いはない。

あとがき

数式を一切用いないで物理学の入門書を作れないかとのお誘いを編集部の方からいただき、これはきわめて大切なことであると常々考えてきていたのでお引き受けし、できあがったのが本書である。

現在の私は、現役の研究者として少しばかりだらしなくなってしまったと自覚してはいるが、物理学の一分野である宇宙物理学にあって、宇宙空間で観測される宇宙線と呼ばれる高エネルギー粒子の生まれ故郷がどこなのかについてなど、いくつかの領域で研究を続けてきている。

このような私が取材などでよく受ける質問には、「小さいときから宇宙少年だったのか」とか「理科好きだったのか」というものがあるが、このような質問は苦手で、いつも困っている。というのは、私がこの分野を研究するようになったのは、大学4年次以降のことだからだ。

実は、私がもともと勉強したかった分野は生物学であった。しかし、「生物学はもうすでに完成の域に近づいており、将来性がないのだ」という、今考えてみれば間違いだらけの本を読み、苦しまぎれに方針転換をしたのである。1953年のことであった。皮肉なことに、この年に遺伝現象の情報を握り、生命を操る基本物質であるDNAの構造が明らかにされたのだが、当時の私は知る由《よし》もなかった。残念なことに、生物学の担当教授たちからは、このような大切な事実が話されなかった。

こうして、3年生になって急に未知の領域である物理学の勉強を始めたのだが、ほとんど理解できず、前期試験では不合格の科目をいくつも出すほどであった。

そこで、4年生になる前の1カ月あまりの休みの間に、物理学の初歩から勉強しなおした。落合麒一郎《おちあいきいちろう》東大教授が編集した『一般物理学（上・下）』という本を使ってみっちり勉強した結果、物理現象を理解するとはどういうことなのか、大枠のところが自分なりに理解できた気がした。この本は数式による理論の展開を中心としたものではなく、実験事実に基づいた説明が行き届いた、私にとってよいものであった。

その結果、3年生のときに落とした科目の試験を4年生になって受け、すべて合格した。先の勉強をとおして「わかる」とはどういうことなのかについて理解でき、そうなると勉強への意欲が湧《わ》き、大学院に進んで研究を続けたくなったのである。

大学院に進学する目的で、ある研究室に入れてもらったが、実際にはどんな方向に向けて勉強していけばよいのか見当もつかなかった。四年次生になってからのことだが、その研究室を主宰されていた教授は、自分から指導することはしないので、「やりたいことが見つかったらいってきなさい」といわれ、いうなれば突き放された形であった。

そんなとき、助手の先生から「こんな本が届いたが読んでみないか」と示されたのが、シカゴ大学のカイパー(G. Kuiper)教授が編集した『The Sun』と題された７００ページあまりの大著であった。この本を借りてノートをとりながら勉強しているうちに、いくつか詳しく調べたいことが見つかり、それらについて学ぶうちに、私は後に研究論文をいくつか書くことができるまでになった。

その後、京都大学やアメリカのＮＡＳＡ(航空宇宙局)ゴダード宇宙飛行センター、メリーランド大学などでの職を経る間に、宇宙空間物理学、太陽物理学、宇宙線物理学、電波天文学など、さまざまな分野の研究に手を伸ばしてきた。

いってしまえば簡単だが、この助手の先生と先の本との出会いが、私の将来を実質的に決めてしまったのである。もちろん大学で学んでいたときには、このようになれることなど予想もしていなかった。今でも時折、生物学をずっと勉強していたらどうなっていただろうかと考えてみることがあるが、それは今となってはわからない。人生を繰り返すことはできないからである。

人間は変わるのである。その過程で、自分を最もよく生かす方法を考えればよい。その際に自分の人生と向き合い、自分なりの決断で進むべき道を切り拓き、一心に突き進んでいくこと、それが人生を作っていってくれるのである。

こんな人間である著者が、このような本を書いた。もともと物理学（宇宙物理学）を専門とするつもりはなかったという私の歩みが色濃く反映していることは、本書を手に取った方にはくみとっていただけることだろうと考えているが、どうであろうか。

読者となられた方々からいろいろなご意見をいただければありがたいとの希望を申し述べ、あとがきの一文の締めとしたい。

★読者のみなさまにお願い

この本をお読みになって、どんな感想をお持ちでしょうか。祥伝社のホームページから書評をお送りいただけたら、ありがたく存じます。今後の企画の参考にさせていただきます。また、次ページの原稿用紙を切り取り、左記まで郵送していただいても結構です。

お寄せいただいた書評は、ご了解のうえ新聞・雑誌などを通じて紹介させていただくこともあります。採用の場合は、特製図書カードを差しあげます。

なお、ご記入いただいたお名前、ご住所、ご連絡先等は、書評紹介の事前了解、謝礼のお届け以外の目的で利用することはありません。また、それらの情報を6カ月を超えて保管することもありません。

〒101―8701（お手紙は郵便番号だけで届きます）
祥伝社新書編集部
電話03（3265）2310

祥伝社ホームページ　http://www.shodensha.co.jp/bookreview/

★本書の購買動機（新聞名か雑誌名、あるいは○をつけてください）

＿＿＿＿新聞の広告を見て	＿＿＿＿誌の広告を見て	＿＿＿＿新聞の書評を見て	＿＿＿＿誌の書評を見て	書店で見かけて	知人のすすめで

★100字書評……数式なしでわかる物理学入門

名前

住所

年齢

職業

桜井邦朋　さくらい・くにとも

昭和８年生まれ。神奈川大学名誉教授。理学博士。京都大学理学部卒。京大助教授を経て、昭和43年、NASA に招かれ主任研究員となる。昭和50年、メリーランド大教授。帰国後、神奈川大学工学部教授、工学部長、学長を歴任。ユトレヒト大学、インド・ターター基礎科学研究所、中国科学院、スタンフォード大学などの客員教授も務める。現在、早稲田大学理工学術院総合研究所客員顧問研究員として、研究と教育にあたる。『眠りにつく太陽』(祥伝社新書)など著書多数。

数式《すうしき》なしでわかる物理《ぶつり》学入門《がくにゅうもん》

桜井《さくらい》邦朋《くにとも》

2011年７月10日　初版第１刷発行

発行者………………竹内和芳
発行所………………祥伝社《しょうでんしゃ》
〒101-8701　東京都千代田区神田神保町3-3
電話　03(3265)2081(販売部)
電話　03(3265)2310(編集部)
電話　03(3265)3622(業務部)
ホームページ　http://www.shodensha.co.jp/
装丁者………………盛川和洋
印刷所………………萩原印刷
製本所………………ナショナル製本

Printed in Japan　ISBN978-4-396-11242-4　C0242